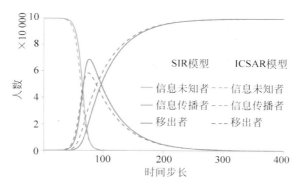

图 3.7　基于 SIR 模型与 ICSAR 模型的计算机模拟结果

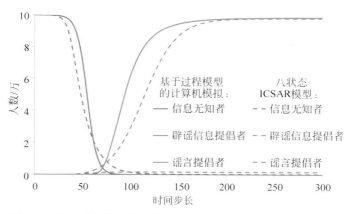

图 3.8　基于过程模型的计算机模拟验证：信息无知者及提倡者

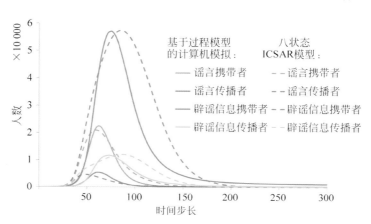

图 3.9　基于过程模型的计算机模拟验证：信息携带者及传播者

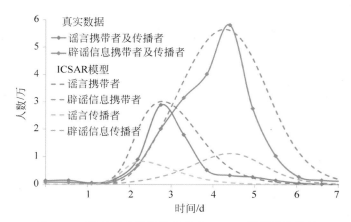

图 3.10 基于真实数据的八状态 ICSAR 模型验证结果

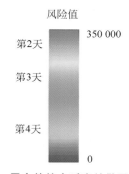

图 3.11 北京市一周内的综合谣言扩散风险分布情况示意图

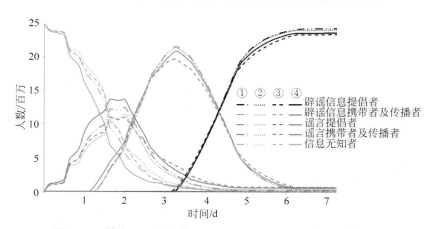

图 3.13 缺少不同信息传播媒介下的谣言及辟谣信息传播情况
① 无微博；② 无电话及短信；③ 无网站；④ 对照组（全有）

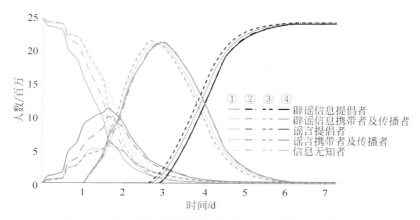

图 3.14　缺少不同传播场所时的谣言及辟谣信息传播情况

① 无办公室；② 无出租车；③ 无地铁；④ 对照组(全有)

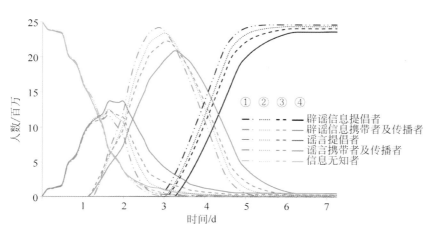

图 3.15　不同政府辟谣信息覆盖率下的谣言传播情况分析

政府辟谣信息覆盖率：① 100％；② 80％；③ 60％；④ 40％

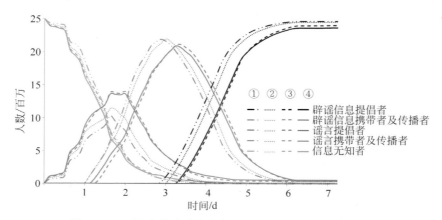

图 3.16 不同政府辟谣信息发布阈值下谣言传播情况分析

政府辟谣信息发布阈值：① 2 万；② 5 万；③ 20 万；④ 10 万

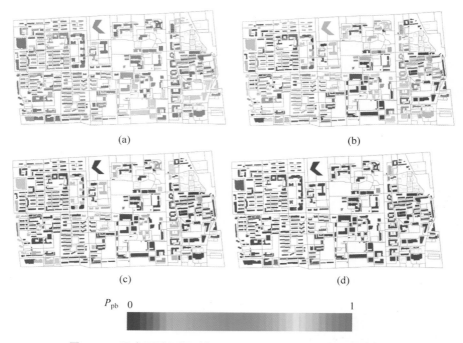

图 3.31 研究区域不同时间下不同建筑物内的信息自获取情况

（a）10 min；（b）15 min；（c）20 min；（d）30 min

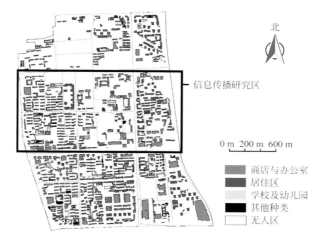

北

0 m 200 m 600 m

信息传播研究区

商店与办公室
居住区
学校及幼儿园
其他种类
无人区

图 4.1 简化的中关村区域建筑物类型分布

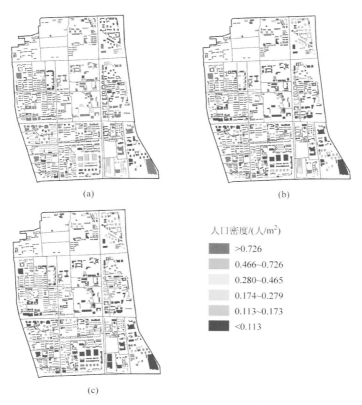

(a)

(b)

(c)

人口密度/(人/m²)

>0.726
0.466~0.726
0.280~0.465
0.174~0.279
0.113~0.173
<0.113

图 4.2 简化的中关村区域不同时间段人口密度分布

（a）办公时间；（b）傍晚；（c）夜里

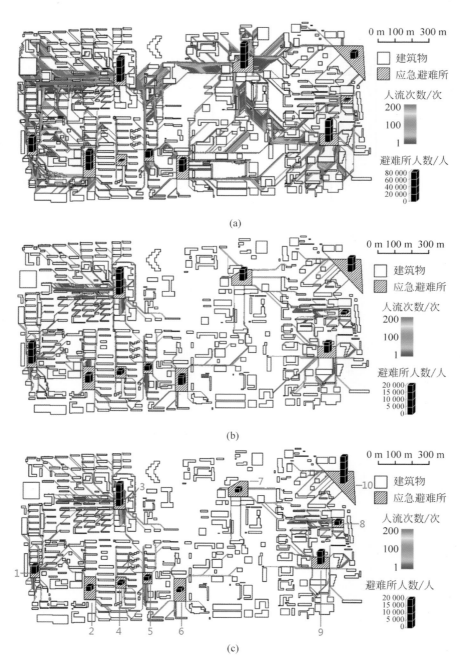

图 4.8 不同时间段人员疏散及避难所容纳情况分析

（a）办公时间；（b）傍晚；（c）夜里

图 5.9 研究区域简介图

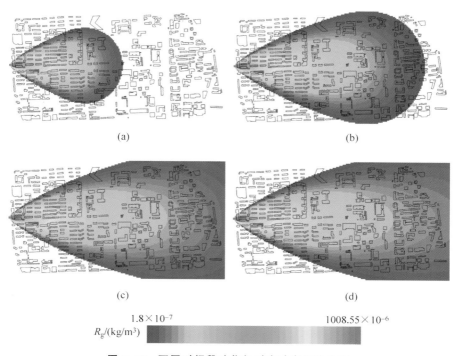

$R_g/(kg/m^3)$

图 5.10 不同时间段硫化氢时空动态风险分布

(a) 5 min; (b) 10 min; (c) 15 min; (d) 20 min

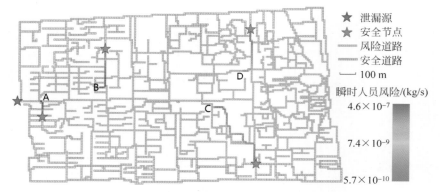

图 5.11　面向人员疏散的危化气体泄漏风险分析

清华大学优秀博士学位论文丛书

突发事件下灾害信息传播模型与应用研究

张楠（Zhang Nan）著

Information Dissemination Model
of Disasters and its Application under Emergencies

清华大学出版社
北京

内 容 简 介

世界范围内公共安全突发事件频发,采用科学的预警和灾害信息发布可有效减少人员伤亡和经济损失。本书以社交媒体、人际间接触式传播和基于物理渠道的信息媒介为研究对象,对不同媒介的传播特征、机理进行了分析,建立了信息传播模型,并将其应用到人员疏散和谣言传播上,旨在帮助读者了解各种信息发布途径的特征(使用情况和传播效率等),提高灾害信息接收效率,进而在灾害环境下快速作出正确有效的判断。

本书适合高校公共安全、灾害风险评估等专业的师生以及科研院所相关专业的研究人员阅读,也可供相关领域的技术人员参考。

图书在版编目(CIP)数据

突发事件下灾害信息传播模型与应用研究/张楠著.—北京:清华大学出版社,2022.7

(清华大学优秀博士学位论文丛书)

ISBN 978-7-302-58380-6

I. ①突… Ⅱ. ①张… Ⅲ. ①突发事件—灾害—信息传递—研究 Ⅳ. ①X4-05

中国版本图书馆 CIP 数据核字(2021)第 117389 号

责任编辑:王 倩
封面设计:傅瑞学
责任校对:王淑云
责任印制:宋 林

出版发行:清华大学出版社
　　　　网　　址:http://www.tup.com.cn,http://www.wqbook.com
　　　　地　　址:北京清华大学学研大厦 A 座　　　　邮　　编:100084
　　　　社 总 机:010-83470000　　　　邮　　购:010-62786544
　　　　投稿与读者服务:010-62776969,c-service@tup.tsinghua.edu.cn
　　　　质量反馈:010-62772015,zhiliang@tup.tsinghua.edu.cn
印 装 者:三河市东方印刷有限公司
经　　销:全国新华书店
开　　本:155mm×235mm　　印　张:12.75　　插 页:4　　字　　数:220 千字
版　　次:2022 年 8 月第 1 版　　　　　印　　次:2022 年 8 月第 1 次印刷
定　　价:99.00 元

产品编号:081959-01

一流博士生教育
体现一流大学人才培养的高度（代丛书序）[①]

　　人才培养是大学的根本任务。只有培养出一流人才的高校，才能够成为世界一流大学。本科教育是培养一流人才最重要的基础，是一流大学的底色，体现了学校的传统和特色。博士生教育是学历教育的最高层次，体现出一所大学人才培养的高度，代表着一个国家的人才培养水平。清华大学正在全面推进综合改革，深化教育教学改革，探索建立完善的博士生选拔培养机制，不断提升博士生培养质量。

学术精神的培养是博士生教育的根本

　　学术精神是大学精神的重要组成部分，是学者与学术群体在学术活动中坚守的价值准则。大学对学术精神的追求，反映了一所大学对学术的重视、对真理的热爱和对功利性目标的摒弃。博士生教育要培养有志于追求学术的人，其根本在于学术精神的培养。

　　无论古今中外，博士这一称号都和学问、学术紧密联系在一起，和知识探索密切相关。我国的博士一词起源于2000多年前的战国时期，是一种学官名。博士任职者负责保管文献档案、编撰著述，须知识渊博并负有传授学问的职责。东汉学者应劭在《汉官仪》中写道："博者，通博古今；士者，辩于然否。"后来，人们逐渐把精通某种职业的专门人才称为博士。博士作为一种学位，最早产生于12世纪，最初它是加入教师行会的一种资格证书。19世纪初，德国柏林大学成立，其哲学院取代了以往神学院在大学中的地位，在大学发展的历史上首次产生了由哲学院授予的哲学博士学位，并赋予了哲学博士深层次的教育内涵，即推崇学术自由、创造新知识。哲学博士的设立标志着现代博士生教育的开端，博士则被定义为独立从事学术研究、具备创造新知识能力的人，是学术精神的传承者和光大者。

---

① 本文首发于《光明日报》，2017年12月5日。

　　博士生学习期间是培养学术精神最重要的阶段。博士生需要接受严谨的学术训练,开展深入的学术研究,并通过发表学术论文、参与学术活动及博士论文答辩等环节,证明自身的学术能力。更重要的是,博士生要培养学术志趣,把对学术的热爱融入生命之中,把捍卫真理作为毕生的追求。博士生更要学会如何面对干扰和诱惑,远离功利,保持安静、从容的心态。学术精神,特别是其中所蕴含的科学理性精神、学术奉献精神,不仅对博士生未来的学术事业至关重要,对博士生一生的发展都大有裨益。

独创性和批判性思维是博士生最重要的素质

　　博士生需要具备很多素质,包括逻辑推理、言语表达、沟通协作等,但是最重要的素质是独创性和批判性思维。

　　学术重视传承,但更看重突破和创新。博士生作为学术事业的后备力量,要立志于追求独创性。独创意味着独立和创造,没有独立精神,往往很难产生创造性的成果。1929 年 6 月 3 日,在清华大学国学院导师王国维逝世二周年之际,国学院师生为纪念这位杰出的学者,募款修造"海宁王静安先生纪念碑",同为国学院导师的陈寅恪先生撰写了碑铭,其中写道:"先生之著述,或有时而不章;先生之学说,或有时而可商;惟此独立之精神,自由之思想,历千万祀,与天壤而同久,共三光而永光。"这是对于一位学者的极高评价。中国著名的史学家、文学家司马迁所讲的"究天人之际,通古今之变,成一家之言"也是强调要在古今贯通中形成自己独立的见解,并努力达到新的高度。博士生应该以"独立之精神、自由之思想"来要求自己,不断创造新的学术成果。

　　诺贝尔物理学奖获得者杨振宁先生曾在 20 世纪 80 年代初对到访纽约州立大学石溪分校的 90 多名中国学生、学者提出:"独创性是科学工作者最重要的素质。"杨先生主张做研究的人一定要有独创的精神、独到的见解和独立研究的能力。在科技如此发达的今天,学术上的独创性变得越来越难,也愈加珍贵和重要。博士生要树立敢为天下先的志向,在独创性上下功夫,勇于挑战最前沿的科学问题。

　　批判性思维是一种遵循逻辑规则、不断质疑和反省的思维方式,具有批判性思维的人勇于挑战自己,敢于挑战权威。批判性思维的缺乏往往被认为是中国学生特有的弱项,也是我们在博士生培养方面存在的一个普遍问题。2001 年,美国卡内基基金会开展了一项"卡内基博士生教育创新计划",针对博士生教育进行调研,并发布了研究报告。该报告指出:在美国和欧洲，培养学生保持批判而质疑的眼光看待自己、同行和导师的观点同样非常不容易，批判性思维的培养必须成为博士生培养项目的组成部分。

对于博士生而言，批判性思维的养成要从如何面对权威开始。为了鼓励学生质疑学术权威、挑战现有学术范式，培养学生的挑战精神和创新能力，清华大学在 2013 年发起"巅峰对话"，由学生自主邀请各学科领域具有国际影响力的学术大师与清华学生同台对话。该活动迄今已经举办了 21期，先后邀请 17 位诺贝尔奖、3 位图灵奖、1 位菲尔兹奖获得者参与对话。诺贝尔化学奖得主巴里·夏普莱斯（Barry Sharpless）在 2013 年 11 月来清华参加"巅峰对话"时，对于清华学生的质疑精神印象深刻。他在接受媒体采访时谈道："清华的学生无所畏惧，请原谅我的措辞，但他们真的很有胆量。"这是我听到的对清华学生的最高评价，博士生就应该具备这样的勇气和能力。培养批判性思维更难的一层是要有勇气不断否定自己，有一种不断超越自己的精神。爱因斯坦说："在真理的认识方面，任何以权威自居的人，必将在上帝的嬉笑中垮台。"这句名言应该成为每一位从事学术研究的博士生的箴言。

提高博士生培养质量有赖于构建全方位的博士生教育体系

一流的博士生教育要有一流的教育理念，需要构建全方位的教育体系，把教育理念落实到博士生培养的各个环节中。

在博士生选拔方面，不能简单按考分录取，而是要侧重评价学术志趣和创新潜力。知识结构固然重要，但学术志趣和创新潜力更关键，考分不能完全反映学生的学术潜质。清华大学在经过多年试点探索的基础上，于 2016年开始全面实行博士生招生"申请-审核"制，从原来的按照考试分数招收博士生，转变为按科研创新能力、专业学术潜质招收，并给予院系、学科、导师更大的自主权。《清华大学"申请-审核"制实施办法》明晰了导师和院系在考核、遴选和推荐上的权力和职责，同时确定了规范的流程及监管要求。

在博士生指导教师资格确认方面，不能论资排辈，要更看重教师的学术活力及研究工作的前沿性。博士生教育质量的提升关键在于教师，要让更多、更优秀的教师参与到博士生教育中来。清华大学从 2009 年开始探索将博士生导师评定权下放到各学位评定分委员会，允许评聘一部分优秀副教授担任博士生导师。近年来，学校在推进教师人事制度改革过程中，明确教研系列助理教授可以独立指导博士生，让富有创造活力的青年教师指导优秀的青年学生，师生相互促进、共同成长。

在促进博士生交流方面，要努力突破学科领域的界限，注重搭建跨学科的平台。跨学科交流是激发博士生学术创造力的重要途径，博士生要努力提升在交叉学科领域开展科研工作的能力。清华大学于 2014 年创办了"微沙龙"平台，同学们可以通过微信平台随时发布学术话题，寻觅学术伙伴。3 年来，博士生参与和发起"微沙龙"12 000 多场，参与博士生达 38 000 多人次。"微沙龙"促进了不同学科学生之间的思想碰撞，激发了同学们的学术志趣。清华于 2002 年创办了博士生论坛，论坛由同学自己组织，师生共同参与。博士生论坛持续举办了 500 期，开展了 18 000 多场学术报告，切实起到了师生互动、教学相长、学科交融、促进交流的作用。学校积极资助博士生到世界一流大学开展交流与合作研究，超过 60% 的博士生有海外访学经历。清华于 2011 年设立了发展中国家博士生项目，鼓励学生到发展中国家亲身体验和调研，在全球化背景下研究发展中国家的各类问题。

在博士学位评定方面，权力要进一步下放，学术判断应该由各领域的学者来负责。院系二级学术单位应该在评定博士论文水平上拥有更多的权力，也应担负更多的责任。清华大学从 2015 年开始把学位论文的评审职责授权给各学位评定分委员会，学位论文质量和学位评审过程主要由各学位分委员会进行把关，校学位委员会负责学位管理整体工作，负责制度建设和争议事项处理。

全面提高人才培养能力是建设世界一流大学的核心。博士生培养质量的提升是大学办学质量提升的重要标志。我们要高度重视、充分发挥博士生教育的战略性、引领性作用，面向世界、勇于进取，树立自信、保持特色，不断推动一流大学的人才培养迈向新的高度。

清华大学校长

2017 年 12 月 5 日

丛书序二

以学术型人才培养为主的博士生教育，肩负着培养具有国际竞争力的高层次学术创新人才的重任，是国家发展战略的重要组成部分，是清华大学人才培养的重中之重。

作为首批设立研究生院的高校，清华大学自 20 世纪 80 年代初开始，立足国家和社会需要，结合校内实际情况，不断推动博士生教育改革。为了提供适宜博士生成长的学术环境，我校一方面不断地营造浓厚的学术氛围，一方面大力推动培养模式创新探索。我校从多年前就已开始运行一系列博士生培养专项基金和特色项目，激励博士生潜心学术、锐意创新，拓宽博士生的国际视野，倡导跨学科研究与交流，不断提升博士生培养质量。

博士生是最具创造力的学术研究新生力量，思维活跃，求真求实。他们在导师的指导下进入本领域研究前沿，吸取本领域最新的研究成果，拓宽人类的认知边界，不断取得创新性成果。这套优秀博士学位论文丛书，不仅是我校博士生研究工作前沿成果的体现，也是我校博士生学术精神传承和光大的体现。

这套丛书的每一篇论文均来自学校新近每年评选的校级优秀博士学位论文。为了鼓励创新，激励优秀的博士生脱颖而出，同时激励导师悉心指导，我校评选校级优秀博士学位论文已有 20 多年。评选出的优秀博士学位论文代表了我校各学科最优秀的博士学位论文的水平。为了传播优秀的博士学位论文成果，更好地推动学术交流与学科建设，促进博士生未来发展和成长，清华大学研究生院与清华大学出版社合作出版这些优秀的博士学位论文。

感谢清华大学出版社，悉心地为每位作者提供专业、细致的写作和出版指导，使这些博士论文以专著方式呈现在读者面前，促进了这些最新的优秀研究成果的快速广泛传播。相信本套丛书的出版可以为国内外各相关领域或交叉领域的在读研究生和科研人员提供有益的参考，为相关学科领域的发展和优秀科研成果的转化起到积极的推动作用。

感谢丛书作者的导师们。这些优秀的博士学位论文,从选题、研究到成文,离不开导师的精心指导。我校优秀的师生导学传统,成就了一项项优秀的研究成果,成就了一大批青年学者,也成就了清华的学术研究。感谢导师们为每篇论文精心撰写序言,帮助读者更好地理解论文。

感谢丛书的作者们。他们优秀的学术成果,连同鲜活的思想、创新的精神、严谨的学风,都为致力于学术研究的后来者树立了榜样。他们本着精益求精的精神,对论文进行了细致的修改完善,使之在具备科学性、前沿性的同时,更具系统性和可读性。

这套丛书涵盖清华众多学科,从论文的选题能够感受到作者们积极参与国家重大战略、社会发展问题、新兴产业创新等的研究热情,能够感受到作者们的国际视野和人文情怀。相信这些年轻作者们勇于承担学术创新重任的社会责任感能够感染和带动越来越多的博士生,将论文书写在祖国的大地上。

祝愿丛书的作者们、读者们和所有从事学术研究的同行们在未来的道路上坚持梦想,百折不挠! 在服务国家、奉献社会和造福人类的事业中不断创新,做新时代的引领者。

相信每一位读者在阅读这一本本学术著作的时候,在吸取学术创新成果、享受学术之美的同时,能够将其中所蕴含的科学理性精神和学术奉献精神传播和发扬出去。

清华大学研究生院院长

2018 年 1 月 5 日

导师序言

　　公共安全是世界各国人民的最基本需求之一。社会离不开安全,每一位公民的工作、生活、娱乐等活动更离不开公共安全的保障。2015 年 5 月 29 日,习近平总书记提出了"人民安居乐业、社会安定有序、国家长治久安"的目标。

　　世界范围内公共安全突发事件频发,科学的预警和灾害信息发布可有效减少人员伤亡和经济损失。面向突发事件,研究不同信息传播媒介的传播特征、建立信息传播模型具有重要意义。本书以社交媒体、人际间接触式传播和基于物理渠道的信息媒介为研究对象,对不同媒介的传播特征、机理进行了分析,建立了信息传播模型,并应用于人员疏散和谣言传播上。主要研究内容和成果如下。

　　研究了包括传统大众媒体、手机媒介和新媒体的社交媒体信息传播特征和机理,建立了基于社交媒体的灾害信息传播模型,量化了媒介可信度、人员使用频率等参数对信息传播的影响,模拟了突发事件下通过社交媒体的信息传播过程,分析了各社交媒体的信息传播效率。

　　对人际间口头传播和基于视觉、听觉的人际间接触式信息传播特征进行了研究。考虑包括传播人数、信息可信度等影响因素,建立了口头信息传播模型,模拟了突发事件下口头信息传播过程。建立了八状态 ICSAR 谣言扩散模型,并结合社交媒体和口头信息传播模拟结果,模拟了突发事件下城市大范围谣言扩散过程,并利用实际数据对模型进行了验证。开展了基于视觉和听觉的信息传播实验,得到了图像和声音的获取规律。还考虑了人员视力、从众心理、环境本底声音等在内的 12 个影响因素,建立了基于视觉、听觉的人际间接触式信息传播模型。模拟了研究区域内信息自获取过程,并分析了各因素敏感性,将模型运用于人员疏散上。

　　建立了以广播车和固定喇叭为对象的基于物理渠道的信息发布模型。结合人员密度时空分布,研究了车速、车辆数、声音半径和时间段在内的 4 个因素对信息传播的影响。结合基于固定喇叭的实时疏散优化信息发布,模拟了研究区内的人员疏散,实现了疏散效率的优化。

综合上述信息传播媒介,计算了各媒介的信息传播效率,绘制了信息传播效率雷达图。比较了各媒介信息传播能力,建立了多媒介联合使用下的信息传播模型。以危化品泄漏为例,模拟了突发事件下的多媒介联合使用下的信息传播过程。

本书建立了一套科学有效的灾害信息发布机制与系统。考虑到灾害前的预警信息传播及灾害中的决策信息传播直接决定了突发事件造成的最终后果,因此上述研究所得的结果可以为不同灾害情况提供有效的信息传播方案,并为政府的决策提供强有力的科学支撑。故本研究对降低灾害下的人员伤亡有着非常重要的作用。同时,本研究的信息传播模型与其他领域如公共卫生领域中的传染病传播模型有相似之处,本模型亦可经过一定的修正,运用到其他领域中。

范维澄　黄　弘

清华大学工程物理系

摘　要

公共安全突发事件在世界范围内频发,采用科学的预警和灾害信息发布可有效减少人员伤亡和经济损失。面对突发公共安全事件,研究不同信息传播媒介的传播特征,建立信息传播模型具有重要意义。本书以社交媒体、人际间接触式传播和基于物理渠道的信息媒介为研究对象,对不同媒介的传播特征、机理进行分析,建立信息传播模型,并应用于人员疏散和谣言传播上。本书主要研究内容和成果如下。

研究了包括传统大众媒体、手机媒介和新媒体的社交媒体信息传播特征和机理,建立了基于社交媒体的灾害信息传播模型,量化了媒介可信度、人员使用频率等参数对信息传播的影响,模拟了突发事件下通过社交媒体的信息传播过程,分析了各种社交媒体的信息传播效率。

对人际间口头传播和基于视觉、听觉的人际间接触式信息传播特征进行了研究。考虑传播人数、信息可信度等影响因素,建立了口头信息传播模型,模拟了突发事件下口头信息传播的过程。建立了八状态 ICSAR 谣言扩散模型,并结合社交媒体和口头信息传播模拟结果,模拟了突发公共安全事件下城市大范围谣言扩散的过程,并利用实际数据对模型进行了验证。开展了基于视觉和听觉的信息传播实验,得到了图像和声音的获取规律。考虑人员视力、从众心理、环境本底声音等在内的 12 个影响因素,建立了基于视觉、听觉的人际间接触式信息传播模型,模拟了研究区域内信息自获取过程,分析了各个因素敏感性,并将模型运用于人员疏散上。

建立了以广播车和固定喇叭为对象的基于物理渠道的信息发布模型。结合人员密度的时空分布,研究了车速、车辆数、声音半径和时间段在内的 4 个因素对信息传播的影响。基于固定喇叭的实时疏散优化信息发布,模拟了研究区内的人员疏散,实现了疏散效率的优化。

综合上述信息传播媒介,计算了各种媒介的信息传播效率,绘制了信息传播效率雷达图。比较了各媒介信息传播能力,建立了多媒介联合使用下的信息传播模型。以危化品泄漏为例，模拟了突发公共安全事件下的多媒介联合使用的信息传播过程。

关键词：灾害信息传播；突发公共安全事件；媒体；口头传播；信息发布

Abstract

In recent years, more and more natural disasters and man-made accidents have happened. However, efficient information dissemination of disasters can sharply reduce death tolls and economic losses caused by emergencies. In order to reduce the risk of emergencies, studying characteristics of different media and developing information dissemination models are very important. In this book, we mainly studied the information dissemination mechanisms of social media, interpersonal communication and the media based on ways of physical dissemination such as loudspeaker vehicles. Through analysis, information dissemination models for different media are established and the models are applied to pedestrian evacuation and rumor propagation. The main contents of research and results are listed below:

Information dissemination characteristics and mechanisms of traditional mass media, mobile media, and new media were studied, with the information dissemination models established. Impact of some factors such as the degree of trust and frequency of using media by information dissemination were quantified. Information dissemination through social media in emergencies was simulated and efficiency of information dissemination was assessed.

Characteristics of information dissemination through oral communication and communication based on personal vision and auditory were studied. Considering influencing factors such as spreading population and the degree of trust, the oral communication model was developed, under which the information dissemination was simulated. Then we established the 8-state ICSAR rumor propagation model, simulated rumor propagation in a city after emergencies, and verified the model using real data considering simulation data of information dissemination through social media and oral communication. Experiments of information dissemination through personal vision and auditory were conducted and the requirement regulation of images and sounds were obtained. Considering 12 influencing factors including herd mentality, basic environmental sound and so on, the information dissemination model based on personal vision and auditory was developed. The procedure of information acquirement was simulated in the study area and sensitivities of each influencing factors were analyzed. Finally, the model was applied in pedestrian evacuation.

We established the information model based on physical spreading ways such as loudspeaker vehicles and stationary loudspeakers. Combining the spatio-temporal population distribution, impact of four influencing factors including the speed, numbers and sound range of vehicles, we obtained time on information dissemination. Pedestrian evacuation in study area was simulated and optimized based on real-time information published about optimized evacuation spread by stationary loudspeakers.

Combining all information media mentioned above, we calculated the efficiency of each medium and drew the radar chart to describe the efficiency of the information media. Information dissemination ability of each medium was compared and information dissemination model based on all media was put forward. Using hazardous gas leakage as an example, we simulated information dissemination based on several media in an emergency.

Key Words: disaster's information dissemination; emergency; media; oral communication; information publish

主要符号对照表

A	信息吸引度
A_{atm}	由于大气吸收而导致的声音衰减量
A_{bar}	由于障碍物而导致的声音衰减量
A_{div}	由于几何发散而导致的声音衰减量
A_{gr}	由于地面影响(反射、吸收)而导致的声音变化量
A_m	声音传播中的声音衰减
A_{mis}	由于其他影响而导致的声音衰减量
A_r	声音接收终端的声音衰减
A_s	声源部分的声音衰减
c_1	加强系数
$C_A(16\sim25)$	16~25 岁组别的年龄影响系数
C_R	政府辟谣信息覆盖率
Den	建筑物内部每层的人口密度(单位:人$/m^2$)
$f_{np-1}(t)$	在第一个时间段内延迟时间的函数
f_{TV-1}	第一个时间段内延迟时间的函数
F	辟谣信息发布频率
H	泄漏源的高度(单位:m)
H_f	整个房间的高度
H_p	人的眼睛距地面的距离
H_{pg}	观察者 A 的眼睛距离地面的高度
H_w	窗户的高度
H_{ws}	窗台距离地面的高度
I	后果严重性
L_{bp}	该栋建筑物距疏散者的垂直距离
L_{eye}	人眼所能看到的最远距离(该距离与人的视力有关)
L_{max}	人员能看到的最远距离距楼房的垂直距离

L_{min}	人员盲区的距离(人员能看到的离楼房最近的位置到楼房的垂直距离)
L_{pw}	人员距离窗户的垂直距离
L_r	房间的边长
n_{blog}	此概率与使用者平均每天的微博使用次数
$n_{sp,phone}$	电话传播到的总人数
$n_{sp,SMS}$	平均每人通过短信的传播人数
$n_{r,phone}$	通过电话的信息接收次数
$n_{re,blog}$	接收者获取到信息的总数量
$n_{re,SMS}$	收到短信信息的总数量
n_{TV}	电视收看次数
N_{ans}	电话实验中的接听人数
$N_{be,spread}$	当次的信息相信者增加的数量
$N_{ex,phone}$	参与电话拨打实验的总人数
N_f	人员所在的楼层数
$N_{fw,blog}$	微博用户的平均粉丝数量
N_{phone}	电话总使用者数量
N_{SMS}	手机短信使用者总人数
$N_{sp,SMS}$	当次已有的通过短信传播的信息传播者数量
$N_{use,blog}$	微博使用者的总数量
$NO._{floor}$	建筑物层数
$P_{np}(i)$	居民 i 的通过网站的综合信息获取概率
p_{np-1}	时间 dt 的权重
p_{TV-1}	时间 dt 的权重
P_{np-1}	在第一个时间段内,没有上网的时间占 24 h 的比例
$P_{TV}(i)$	居民 i 能通过电视获取信息的总概率
P_1	时间段 1 占全天 24 h 的比例
$P_{1,blog}$	微博使用者每分钟使用微博的概率
$P_{1,np}(i)$	居民 i 在该时间段上网的概率
$P_{1,phone}(i)$	每个时间步长,居民 i 电话收到电话传播的灾害信息的概率
$P_{1,SMS}$	每个时间步长中,用户收到该灾害信息的概率
$P_{1,TV}(i)$	居民 i 正在看电视的概率

P_2	时间段 2 占全天 24 h 的比例
$P_{2,\text{blog}}$	上线的微博使用者收到灾害信息的概率
$P_{2,\text{np}}(i)$	居民 i 上网看到并相信信息的概率
$P_{2,\text{phone}}(i)$	定义为当电话铃响时,电话使用者能正常接听电话,收到信息的概率
$P_{2,\text{SMS}}$	已经收到短信的使用者在该步长看到短信的概率
$P_{2,\text{TV}}(i)$	正在看电视的居民 i 恰好能看到整点发布灾害信息的概率
$P_{3,\text{blog}}$	信息携带者相信该灾害信息的概率
$P_{3,\text{phone}}$	每个运算步长中信息携带者相信该信息的概率
$P_{3,\text{SMS}}$	信息携带者相信该信息的概率
$P_{3,\text{TV}}(i)$	相信电视信息的概率
$P_{4,\text{phone}}$	信息接收者会通过电话传播信息的概率
$P(\text{group}(i))$	真实情况下组别 i 中人数占总人数的比例
P_{b}	信息媒体的可信度
P_{blog}	微博使用者能在某一时间单元内接收到灾害信息的总概率
$P_{\text{fw,blog}}$	微博使用者会在收到灾害信息后通过微博转发的概率
$P_{\text{group}(i)}(\text{rumor})$	组 i 中对谣言的平均相信概率
P_{phone}	每个步长中通过电话传播信息,被用户相信的总概率
Ps	信息转发概率
P_{SMS}	每个步长中通过手机短信传播的信息,被用户相信的总概率
$P_{\text{TV}-1}$	在第一个时间段内,没有看电视的时间占 24 h 的比例
Q	危化气体泄漏的流量(单位:kg/s)
r	阻碍系数
R	信息覆盖率
R_1	第一可视半径,表示观察者可以看到该半径内所有区域
R_{a}	信息传播率
R_{blog}	微博信息可信度
R_{np}	网站的可信度
$R_{\text{p,lethal}}$	瞬时人员的致死风险
$R_{\text{p,risk}}$	瞬时人员的起始风险

R_{phone}	电话本身的可信度
R_{SMS}	此概率与短信信息可信度
R_{TV}	每次收到的信息被相信的概率
S	人员主观判断力
t_{delay}	短信使用者的平均延迟时间
$T_{delay,np}$	全天候的平均网站信息获取延迟时间
$T_{delay,np-1}(t_1,t_2)$	在 $t_1 \sim t_2$ 时间段内网站的平均延迟时间
$T_{delay,TV}$	全天(8 时间段)综合电视延迟时间
$T_{delay,TV-1}$	在第一个时间段内,看电视获取信息的平均延迟时间
T_G	政府辟谣信息发布阈值
$T_{np}(i)$	网民 i 在 $0.5\,h$ 内上网的时间期望
$T_{TV}(i)$	居民 i 在某 $3\,h$ 的时段中收看电视的从时间长度
v_m	人员疏散下的呼吸速率
v_s	人员的标准静态下的呼吸速率(m^3/min)
W_w	窗户的宽度
x	专家影响
α_1	信息无知者到辟谣信息携带者的转变速率
α_2	信息无知者到谣言携带者的转变速率
δ	辟谣/谣言携带者到谣言/辟谣信息携带者的转变速率
μ	信息传播者到信息携带者的转变速率
β	谣言/辟谣信息携带者到谣言/辟谣信息提倡者的转变速率
β_1	谣言传播者到谣言提倡者的转变速率
β_2	辟谣信息传播者到辟谣信息提倡者的转变速率
ε	信息客观可识别度
$\sigma_x,\sigma_y,\sigma_z$	在 x,y,z 三个方向的扩散系数

名词与缩略语(符号)

信息无知者(I)	表示还没有获取到相关信息的人
信息无知移出者(IR)	表示没有获取到相关信息,并且对信息完全不感兴趣的群体。由于他们对信息完全不感兴趣,所以计算中不考虑此类群体的信息获取情况
谣言携带者(RC)	表示该人已经获取并相信谣言,但是由于某些原因,不对谣言进行传播
谣言传播者(RS)	表示已经相信谣言同时也会传播谣言的人,这类人往往是谣言扩散的关键因素
谣言提倡者(RA)	表示已经对谣言深信不疑的人。在模拟过程中,一旦变成谣言提倡者,其状态就不会再进行变化,并且谣言提倡者进行谣言传播时,因为他们往往都有充分的说服理由,故对人的影响更大
辟谣信息携带者(TC)	表示该人已经知道谣言的实际情况,了解辟谣信息的真实性,不相信谣言,但同时由于某些原因,不会主动将辟谣信息传播给他人
辟谣信息传播者(TS)	表示该人已经知道谣言的真实性,并会将辟谣信息主动传播给其他人。谣言传播过程中,这类人往往决定了谣言扩散的总时间与规模
辟谣信息提倡者(TA)	表示已经非常确定谣言是错误的,辟谣信息是真实的。如同谣言提倡者一样,一旦变成辟谣信息提倡者,其状态就不会再进行变化。并且此类人由于对辟谣信息拥有更多的证据与理解,在信息传播过程中对其他人

	的影响程度会更大
信息吸引度(A)	信息吸引度表示该谣言对信息受众的影响力强度,这与谣言的具体内容以及该谣言的呈现形式有关
信息覆盖率(R)	研究区域内该谣言涉及的范围
后果严重性(I)	表示该谣言若是真实的,后果的严重程度
信息客观可识别度(ε)	谣言客观可识别度表示该谣言被信息携带者识别的难易程度
人员主观判断力(S)	信息受众主观对谣言的相信概率
信息媒体的可信度(P_b)	可信度表示信息媒介使用者相信该信息媒介传播出信息的概率
信息转发概率(P_s)	信息转发概率表示在所有的信息携带者中,信息转发者的比例
加强系数(c_1)	增强系数反映了信息传播者与信息携带者之间对信息坚信程度的差异
阻碍系数(r)	表示人更愿意相信自己信息的程度
专家影响(x)	专家的影响力($x=1$ 说明无专家影响;$x>1$ 说明专家说服力为普通人的 x 倍)
信息传播率(R_a)	信息传播率描述信息传播者在不同场所主动传播信息的欲望值
政府辟谣信息发布阈值(T_G)	当政府监测到谣言,并且谣言的规模达到一定程度时,政府会进行辟谣。这里将谣言达到的规模程度称为辟谣信息发布阈值
政府辟谣信息覆盖率(C_R)	政府能将辟谣信息直接传播到的人数比例
辟谣信息发布频率(F)	政府发布辟谣信息的频率,本研究中定义的单位为次/天

目　录

第1章 引　　言

1.1　研究背景与意义

公共安全是世界各国人民的最基本需求之一。社会离不开安全,每一位公民的工作、生活、娱乐等活动更离不开公共安全的保障。当前中国灾害事故形势严峻,寻求降低灾害风险从而降低人员伤亡及经济损失的方法非常重要。在众多灾害中,造成大量人员伤亡的很大原因在于预警信息发布系统[1]与信息传播机制不完善[2]。先进的预警信息系统[3]与科学有效的信息发布机制能够拯救数千万人的性命。

1984 年发生在印度博帕尔(Bhopal)的危化品泄漏事件,由于没有良好的信息发布机制和人员疏散方案,在泄漏发生后,52 万居民暴露在异氰酸甲酯(methyl isocyanate)下,无数人在睡梦中和毫无目的的逃生路上死去,最终导致约 8000 人在第一周内丧生,超过 10 万人受到了永久伤害,从而酿成人间惨剧[4]。在 2004 年印度洋海啸灾害中,由于印度洋沿岸各国和地区缺乏对海啸的重视,没有建立有效的海啸预警系统与信息传播机制,导致20 多万人丧失了生命[5],这也是世界范围内死伤最惨重的海啸灾难之一。与上述惨剧相反,在丽塔(Rita)飓风灾害中,由于美国政府建立了良好的灾害预警系统和有效的灾害信息传播机制,将疏散方案成功发布给可能受灾的地区,提前撤离了受灾区的大部分民众,使得这次大西洋有记录以来第四剧烈的飓风虽然导致了巨大经济损失,但未造成很大的人员伤亡[6]。在中国,以地质灾害为例,截至 2005 年年底,依靠有效的预警机制及信息传播体系,政府预报并发布了 244 处滑坡和泥石流灾害信息,成功撤离、转移群体3.83 万人,避免直接经济损失 2.43 亿元[7]。从以上案例可以看出,灾害前的预警信息传播及灾害中的决策信息传播将直接影响突发公共安全事件后果,采用科学有效的信息发布与传播机制能在大型灾害中拯救无数生命。

1.2　研究现状

1.2.1　信息传播媒介研究概述

信息传播媒介是人们用来传播和获取信息的工具,包括语言、姿势、动作、短信、电话、电视、收音机和网站等。信息传播就是通过不同的传播媒介,在两个主体之间进行传播的过程。而信息传播方式主要包括大众传播和人际传播等[8]。大众传播主要指通过文字、电波等方式进行信息传播的大众传播媒介,如广播、电视和报纸等;而人际传播主要指人与人之间的信息传播和感情沟通。当然,不同的传播媒介也具有不同的特征,例如,手机短信为一对多的信息传播方式,政府及公共部门可以直接将其群发给大众,同时大众也可以利用手机短信相互发送信息。目前的研究多基于小世界网络[9]、BA 网络[10]和元胞自动机[11],探讨不同接收密度、转发量、转发密度和系统大小对信息传播的影响。微博同为一对多的信息传播模式,但是由于粉丝众多,转发量较大,故目前有关微博信息传播的研究多基于社会网络[12]和复杂网络[13]等,考虑度与密度分布、度相关性、平均距离、中心度与中心化等影响因素,分析微博的信息流向和网络效率等信息传播特征。在微博系统中,影响力较大的微博用户对整体传播的影响也是巨大的。电视及收音机等属于政府或公共部门可以操控的一对多信息传播方式,而用户个人是不能利用电视及收音机自行进行信息传播的。目前与电视、收音机相关的信息传播研究多集中在算法的优化上[14],以达到提高信息传播效率的目的。当然,针对不同信息传播媒介的研究还涉及网站、微信、邮件和报纸等。随着时代的发展,新媒体越来越多,信息传播媒介也越来越繁杂,针对信息传播媒介的研究也将会一直持续下去。

而经过对上述所有领域的信息传播模型及相关研究进行分析后发现,所有研究基本都基于单一的传播途径,如 Huang 研究了基于微博的体育信息传播模式,指出微博可以大大加速体育信息的传播速度[15]。赵海娟等人研究了公路网出行人信息服务的短信信息发布方法,通过短信发布流程分析了信息需求、采集、传输、处理、发布及效果评估 6 个方面[16]。Ettredge 等人研究了通过网站公司投资者的信息传播,并研究了信息对称性及传播规模对信息接收的影响[17]。

信息传播媒介不仅在日常生活中充当了重要角色,在突发事件下更能起到关键作用,不仅能发布并传播突发事件的具体信息,同时也能发挥警示与预告的作用[18]。但是,灾害下的信息传播过程与平时有所不同,其一,灾害信息传播对时效性要求较高。在重大灾害事故中,每分每秒都可能发生影响成千上万人生命的事故,故灾害信息传播需要极高的传播速度,即在最短的时间中尽可能将灾害信息传播给最多的人;其二,重大灾害事故可能导致各种突发事件,如路网瘫痪和信息网络瘫痪等。在这种情况下,部分信息传播媒介被限制,无法像平常一样被使用。但是在重大灾害下,受灾者早一分钟收到预警或灾害信息,就能够多一份保障。所以,尽管突发事件下信息传播极为困难,但具有重大研究意义。

灾前或者灾中的信息传播对拯救人员生命、降低经济损失能够起到很大的作用。Swinbanks 利用电视对海啸预警信息进行发布,发现电视具有意想不到的信息发布速度与精确性[19]。2008 年 6 月 14 日,日本通过电视在地震前 10 s 成功发布预警信息,挽救了很多人的性命[20]。我国也有成功案例,如青海省气象局开发了短信预警信息发布系统,极大提升了预警信息发布效率,可稳定提供总流量超过 2000 条/s 的信息发布量[21]。同时,由于具有易实施、郊区也可以较容易覆盖和适用于多种灾害场景等优点,一些新型无线电子设备也被运用到灾害信息传播中[22]。微博由于具有简便性,并可通过上传图片加强信息的真实性及全面性,也经常被用于灾害中实现信息传播[23-24]。

通过上述文献不难发现,这些信息媒介也已渐渐融入灾害信息发布与传播之中,为灾害前的预警信息发布、灾害中的决策信息传播和灾害后的救援信息及重建信息的传播起到了非常大的作用。

1.2.2 灾害信息传播模型研究现状

目前,信息传播方面的相关研究延伸到了各大领域,包括计算机科学、传播学、社会学和管理学等,这也说明信息传播领域是一个涉及多学科交叉的重要领域。从最基本的信息传播学考虑,信息传播理论最早于 1948 年由 Hardd Lasswell 提出,他将信息传播分为 5 个模式(5W 模型):传播源、传播内容、传播渠道(传播媒介)、传播对象(信息受众)及传播效果,而这五部分也是信息传播不可或缺的五大元素。信息传播过程主要基于两个原则,一是每条信息都有多个信息传播起点(信息传播源);二是每个信息媒介使用者接收到的信息均来自其邻居(朋友)。基于这两条基本理论,在之后的几十年里,信息传播模型也发展较快,并在传统的信息模型上不断地完善、修正。

从信息传播学以及管理学角度考虑,在 5W 模型过后,香农(Shanon)等人又提出了"一般传播系统"模型,主要解释了信源是如何通过发射器编码,经由相应的信息媒体传播到接收器,接收器进行解码,最终传播到信息受众的。同时,他还考虑了噪声对信息传播渠道的干扰作用[25]。之后,Osgood 及 Schramm 于 1954 年对香农模型进行了修正,改进了直线信息传播模型,变为存在多向反馈机制的信息循环模型,即信息在译码者、释码者及编码者之间的相互传递并循环[26-27]。这些早期从信息传播理论入手的研究为之后各领域更深入的信息传播模型研究提供了良好的基础。但是,只基于传播学及管理学的信息传播模型较为宽泛,属于宏观分析、操控的一种模型,很难运用于实际模拟,故要结合其他领域共同研究。

由于信息传播的载体为人,而不同的人除了有不同的自身客观属性外,还具有不同主观属性,如心理属性。从心理学角度考虑,信息传播过程中,要考虑信息受众的求知心理、从众心理、逆反心理、交流心理、宣泄心理、实用心理和自我实现心理等[28]。如果能把握住信息传播中信息受众的心理变化,将会很大程度上促进信息的吸收及传播。社会心理学家 Newcomb 考虑了信息传播模式中人际间互动的作用[29],中国学者陈红考虑人的求新求异心理、功利心理、求便心理及自我表现心理,研究了公交移动电视广告的传播策略[30]。而在突发事件下,受灾人员会产生极度的恐惧心理,从而对受灾人员的行为产生负面影响[31]。目前考虑人员心理变化的灾前预警信息传播以及灾中决策信息传播的研究较少,但受灾人员心理对整体信息传播过程影响巨大,故灾害下考虑心理变化对信息传播的影响应该被着重研究。

由于信息传播过程极为复杂,并且涉及的人数众多,小区域内信息传播可能涉及几十万人,一个城市的信息传播可能涉及千万人,一个国家的信息传播可能涉及上亿人。而如此复杂的推演过程以及大量的计算都需要计算机辅助。从计算机领域角度分析,目前信息传播主要有两大传统模型,分别是独立级联模型[32]和线性阈值模型[33]。这两个模型的出现对信息传播模拟起到了很大的推进作用。当然,也有其他相关研究,如曹玖新等人利用微博的转发数拓扑结构,考虑了用户数和粉丝数的关系,纳入用户的 PageRank 值以及活跃度值,对微博的信息转发进行了分析,并且对转发行为进行了预测[34]。但是,由于所有利用计算机模拟方法的单次模拟随机性较强,结果不稳定,因此必须结合蒙特卡罗模拟方法,才能使上万次的模拟得到比较稳定的结果。故长耗时是计算机领域研究信息传播的一个严重弊端。

复杂网络在其他领域的信息传播中最常被用到[35]，主要包括人们熟知的 ER 随机网络模型[36]以及之后提出的小世界网络[37]和无标度网络[38]。如 Cui 等人利用复杂网络，计算了网络节点距离、聚类系数、度分布、节点介数和路径长度等，考虑节点失效以及网络演化功能，研究了基于复杂网络拓扑结构优化方法的信息交流传播网，分析了信息传播的效率并识别了网络中的脆弱性节点[39]。但是，由于复杂网络的特殊性，人员流动很难被很好地考虑进去，或者被考虑之后，整个模型难度大大上升，因此导致模拟计算难度较大。然而，人员的流动在信息传播中，尤其是在灾害下的信息传播中往往占据着非常重要的位置。

1.2.3　面向不同功能的信息传播

目前，突发事件下的信息传播研究主要面向 3 个过程：灾前预警信息的发布与传播；灾中疏散及决策信息的发布与传播；灾后救援及重建信息的发布与传播。在这 3 个过程中，针对灾前预警信息的相关研究较多。

绝大部分人员伤亡在所有灾害事故中可以通过有效的预警信息发布与传播避免或降低，故预警信息的传播效率直接决定了最终的人员伤亡及损失情况。地震发生时，提前 10 s 的预警时间可以拯救成千上万人的生命。而目前的预警信息传播主要针对灾害前征兆比较大的一些灾害，如大部分气象灾害（台风、暴雨、雷电、雨雪和冰冻等）。这些灾害由于前兆充分且预警时间较长，适于预警信息传播。但是对于地质灾害，如地震、泥石流等，灾害破坏性非常大，且由于监测系统不完备，监测难度高，最终导致预警信息传播时间非常紧迫[40]。2011 年日本大地震中，据报道"数以百万计的东京居民在大地震前的 1 min 左右获取到地震信息"[41]。当然这也与日本完善的地震监测及预警信息发布机制是分不开的。而中国的灾害监测技术及预警信息发布机制落后于很多发达国家。如果大地震发生在中国，发生在北京，若灾害预警信息无法在第一时间送达受灾群众，后果将不堪设想。

在灾前预警信息机制建立较为完善的情况下，我们还需要考虑灾中人员疏散及决策信息的传播过程。目前有关各灾害中人员疏散的文章层出不穷，但一些研究者指出，疏散固然重要，但是很多人把注意力放在疏散本身，很少有关于疏散信息传达之类的研究[42-43]。对于灾害下的受灾者，如何将更新的疏散方案尽快传播给受灾者也是一个值得研究的问题[44]。在突发事件下的疏散中，由于人是动态的，疏散中的人员风险也是动态变化的，疏散方案确定后,由于疏散者具有主观性,故实际情况下的疏散会与疏散方案不一致。在此情况下,需要实时更新疏散方案并将其传播给被疏散者,而这一步骤完全依赖有效的灾害中信息传播机制。目前,对于这一领域的研究非常少。为了达到突发事件下信息快速传播的目的,广播车及固定喇叭常被用来进行信息传播。当然,灾害中的信息传播不仅可用于人员疏散,也可用于传播决策信息。例如,危化品泄漏后,政府及相关部门需尽快将泄漏信息通知给每一个可能的受灾者,且需要根据受灾者的不同位置、不同状态以及危化品泄漏的具体情况,将不同决策方案传递给每一个受灾者。这些决策信息的传递,也都需要良好的灾害信息传播机制。而在另一些具有较长信息传播时间的灾害中,如暴雨、台风等,相关部门更应该注重受灾者的信息接收情况,保证每一位受灾者都能接收到灾害信息。在突发事件中,让更多人相信决策信息,能有效减少人员伤亡及经济损失。

大型灾害,如地震、飓风过后,受灾人员需要救援,城市也需要重建。首先,在救援过程中,很多受灾者(伤员)无法正常与外界联系,并且由于灾害摧毁了信息网,大多数信息传播媒介失效。基于上述情况,目前也有研究专门针对灾后救援,如面向地质灾害,利用卫星及 GIS 地质灾害模型,将信息快速传播给搜救队员,以协助搜救[45]。其次,由于灾害后非常容易出现谣言满天飞的情况,所以大型灾害后阻止谣言生成或降低谣言传播规模及概率也非常重要[46]。而这一过程也涉及信息传播过程与理论,通过信息传播机理,控制谣言扩散规模,加快谣言控制速度,从而减少谣言对社会的危害。最后,在灾后重建工作中,尤其是在对受灾人民的灾后思想干预及引导的过程中,信息传播同样不可或缺。

综上所述,信息传播可以在灾害中被广泛运用,灾害前、中、后均离不开信息传播。良好的信息传播机制不仅能加强灾前预警、灾中人员疏散及决策信息的发布与传播效率,同时也能为灾后的救援及重建提供良好的基础。

1.2.4　当前灾害下信息传播研究的不足

上述研究现状对近些年来的不同信息传播研究进行了整合。本研究通过对上述研究进行综合分析,发现这些研究都暴露了当前突发事件中信息传播领域的一些问题。图 1.1 显示了当前面向公共安全领域突发事件信息传播研究的一些不足。

通过对不同信息传播媒介进行研究发现,当前研究中的信息媒体过于单一。在常态下,单一化的传播途径可能可以满足需求,但是当遇到突发事

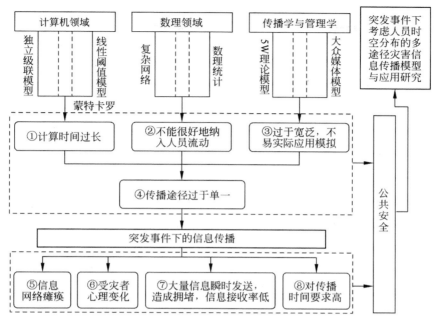

图 1.1 面向公共安全领域突发事件的信息传播模型

件时,信息网络可能瘫痪,同时受灾者的心理变化剧烈,并且每个人都有自己的偏好,单一的传播途径很难满足要求。另外,当突发事件发生时,需要在最短的时间内发送大量的信息,单一的传播途径会造成信息拥堵,导致信息接收率较低,大大影响信息传播效率。在对不同信息传播领域的传播模型进行研究时发现,计算机领域的一些模型,如独立级联模型及线性阈值模型多要使用蒙特卡罗方法,导致计算时间过长;复杂网络模型无法很好地考虑人员的动态流动;传播学与管理学的模型过于宽泛,适用于宏观操控,很难实际应用于模拟。并且考虑突发事件的特殊性,还要考虑灾害情况下信息网络可能瘫痪、受灾者的心理变化、大量信息瞬时发送造成的信息拥堵及信息接收率低等情况,故突发事件下对信息传播效能的要求较高。

下面详细列举了当前研究的不足,以及在公共安全领域需要考虑的更多情况与问题。

(1)预警信息发布至人员的接收中间过程时间较长,经常会花费几个小时才能将信息传播给大多数群众。

(2)预警信息发布与传播离不开人员流动,挖掘人员流动特征,可以有效帮助传染病防治、应急响应、城市规划等方面的研究。将动态人员流动考虑到预警信息发布中的方法非常重要[47]。

（3）目前预警信息发布与传播多基于电子媒体，但利用电子媒体预警的弊端在于预警信息的接收取决于发警报的时间，这大大限制了受灾人员早期获取预警信息的机会[48]。

（4）单一基于社交媒体的预警信息发布与传播模式过于依赖网络，当灾害下电子网络瘫痪时，此类传播途径失效。如 2011 年中国汶川地震，由于基站被摧毁，近 3 万部手机失效[49]。所以，当前需加大对基于非网络途径的灾害下信息传播研究的重视[50-51]。

（5）信息传播依赖媒体本身属性和人的行为爱好，过于单一化的信息发布渠道不能满足突发事件下信息发布与传播的要求。

（6）信息接收率较低。在灾害中，受灾群众的预警信息接收率一般不超过 50%，这将导致大量受灾者无法被疏散[52]。

（7）很多情况下，政府及大众媒体并不是第一个获取到灾害信息的终节点，或者在一些特殊情况下，楼内的警报[53]、固定喇叭[54]以及内部通信系统[55]无法正常工作。此类情况下，政府、相关部门及大众媒体不能充当信源，需要进行人际间自发的灾害信息传播，但目前缺乏此类研究。

（8）基于计算机的信息传播模拟方法，如果信息受众数量较大，传播规模较大，运算时间是无法想象的，更达不到灾害下实时模拟和实时调控的目的。需要建立一套数学模型，在减少时间消耗的同时还能保证结果的精确度，从而达到突发事件下实时模拟、实时传达的目的。

（9）在考虑突发事件下的信息传播过程中，只考虑了信息传播的积极作用，很少考虑灾害下的信息传播可能导致的谣言传播。

根据上述研究的不足，本书主要研究了面向公共安全领域突发事件下的考虑人员时空分布、心理—物理耦合的多途径灾害信息传播模型及应用。

1.3　主要研究内容

基于上述不足，本书建立了突发事件下信息传播模型，并将其运用于灾前预警信息传播，灾中疏散及决策信息传播和灾后谣言扩散控制上。

针对信息传播过程中传播媒介单一的情况，本书研究了 14 种传播媒介在灾害下的信息传播过程，包括电视、收音机、报纸、网站、电话、短信、微博、微信、邮件、广播车、固定喇叭、口头传播以及依赖人员听觉和视觉的信息自获取方式。根据传播机理的不同,本研究将上述 14 种信息传播媒介分为三大类:社交媒体、人际间接触式信息传播及基于物理途径的信息发布。其中社交媒体包括传统大众媒体(电视、收音机、报纸、网站)[56-57]、手机媒介(手机电话、短信)[58-59]和新媒体(微博、微信、邮件)[60-62],这些信息传播方式在灾害中也经常被使用[63-64]。人际间接触式信息传播包括人际间口头传播及紧急状态下,依赖人员视觉和听觉的信息自获取。而基于物理途径的信息传播在本书中的研究主要以广播车及固定喇叭信息发布为例。

图 1.2 为突发事件下的灾害信息传播流程。其中,电视、收音机、网站、报纸、广播车和固定喇叭这 6 种信息传播媒介只能被政府及应急管理部门使用;人员的口头传播及通过听觉、视觉的信息自获取只能由信息受众自己使用;而电话、微博、微信、短信及邮件这 5 种信息传播渠道,可以同时被政府、应急管理部门及个体自行使用。

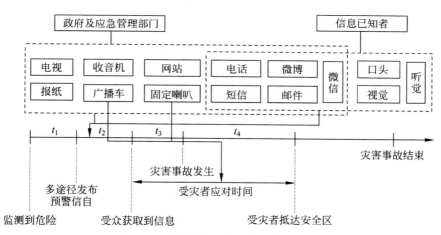

图 1.2 突发事件下灾害信息传播流程

突发事件来临前,政府、应急管理部门或个人通过监测、预兆识别等方法获取灾害信息。经过确认,信息会由政府、相关部门或者灾害信息携带者通过各种信息传播途径进行预警信息的发布与传播,t_1 为此阶段的消耗时间,可以称之为信息预处理时间。预警信息发布后,至信息受众获取信息要经历时间 t_2,可以称之为信息接收延迟时间,该时间主要由信息发布情况、信息受众的媒介使用情况以及信息受众的状态决定。受灾者获取到预警信息后,启动相应的应急模式,如实施人员疏散等,在灾害事故发生前经过安全应对时间 t_3,之后突发事件发生。灾害发生中,如果受灾者仍处于灾害应对阶段,则受灾者进入有风险的应对情景,直至受灾人员抵达安全区,消耗时间 t_4,这里把 t_4 称为风险应对时间。本研究的主要目的是缩短预警信息发布所消耗的时间 t_2,加大受灾者安全应对灾害的时间 t_3 占总灾害应对时间的比例,减少总灾害应对时间,从而达到受灾者尽快并安全抵达安全区的目的。

针对上述总结的当前灾害信息传播研究中的不足及本研究的研究目标,本书主要考虑了下述 7 个方面内容并对一些不足进行了改进。

(1) 由于在目前灾害中,信息发布至受灾者接收的中间时间 t_2 较长,故本书对上述多种媒介进行了传播特征分析,并根据信息传播媒介的不同特征,将多种媒体进行耦合,研究了不同媒体组合情况下的信息传播。该结果有助于增加信息传播效率,为政府及相关部门的决策及受灾者提供更多的准备及应对时间,从而提升灾害事故下受灾群体的响应时间。

(2) 由于受灾群体对不同媒介的喜好度不一样,使用情况也不一样,本研究还将多信息媒体联合,大幅增加信息覆盖率,减少了受众获取信息的时间 t_2。

(3) 由于信息传播离不开人员流动,本研究考虑了地铁、公交车及出租车共 3 种公共交通对人员流动的影响。同时也考虑了不同场所(家、办公室)的人员信息交流的情况,从而提升信息传播模拟的精确性及可信度。

(4) 对于灾害中的电子网络瘫痪和依赖电子网络或无线电波的信息传播媒介失效的情况,本书深入分析了基于物理传播特性且稳定性较高的宣传广播车、固定喇叭及人员口头信息传播过程。为突发事件下的信息传播提供了新途径。

(5) 针对一些灾害信息第一获取者不是政府及相关部门,而是个人的情况,研究了不基于政府及社交媒体的人际间信息自传播过程。该研究为在紧急状态、没有足够时间主动传播信息的情况提供了科学支撑,达到了高效疏散的目的。

(6) 为了节约模拟时间,达到突发事件下实时信息传播模拟的目的,本研究利用问卷调查的方式获取到大众实用信息媒体的真实数据后,利用计算机编程模拟信息在人群中的动态流动过程,详细分析了不同信息传播媒介下的信息传播特征,并将其最终用数学模型表示。此方法不仅大大降低了模拟时间,且基本保持了模拟的精度。

(7) 考虑灾前预警信息发布及灾中决策及疏散信息的传播后,谣言极易生成,本研究建立了一套考虑政府辟谣,专门针对谣言扩散控制的信息传播模型。降低了谣言生成的可能性及发展规模,从而降低了谣言对社会造成的负面影响,也降低了由谣言导致的不必要的次生及衍生灾害。

结合上述 7 个改进点,本研究最终制定了面向人员疏散的综合灾害信息传播模型,如图 1.3 所示。

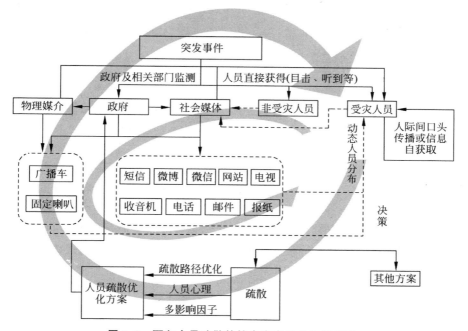

图 1.3 面向人员疏散的综合灾害信息传播模型

突发事件发生前、中、后,灾害信息通过监测部门或目击者直接获得。若信息通过相关部门监测获得,根据灾害具体情况、受灾区域情况、受灾人员特征及动态分布,选定所需的信息传播媒介,进行灾害信息传播(此流程为灾害信息传播的内循环流,图 1.3 中用内循环箭头表示)。若信息通过非受灾人员获得,该人员可以通过社交媒体将灾害信息注入灾害信息内循环流中,按上述流程继续进行传播。若信息由受灾人员直接获得,根据灾害情况,受灾人员通过社交媒体或口头传播将灾害信息注入信息流,也可直接疏散,利用通过听觉和视觉的人际间信息自获取,传播疏散信息。受灾者获得灾害信息后,考虑受灾者心理因素、决策中多影响因子属性进行决策。若疏散,政府及相关部门对疏散路径进行优化,从而生成因人而异、因灾而异、因地域而异的适合每个疏散者的人员疏散优化方案,通过物理媒介及社交媒体,将决策信息反馈给受灾者,从而达到政府疏散中实时宏观及微观共同调控的目的(此信息反馈循环为决策信息传播的外循环流,在图 1.3 中用外循环箭头表示)。

图 1.3 中的面向人员疏散的综合灾害信息传播研究主要针对降低图 1.2 中的信息接收延迟时间(t_2)及受灾者应对时间($t_3 + t_4$)。本研究考虑了受灾人员心理、人员流动、信息媒体客观属性等多影响因素,从而对灾害前、中、后的信息传播过程进行了全面的分析。

本书基于大众使用信息媒体的真实数据并考虑个人偏好,研究了社交媒体信息传播模型;考虑人员时空分布及信息网失效的情况,研究了基于路径优化算法的广播车信息传播模型与固定喇叭实时疏散优化信息传播模型;考虑受灾人员心理,研究了人员听觉及视觉信息自获取下的人际间信息自获取模型;通过考虑灾害实时风险变化,研究了多种信息传播媒介相结合情况下的灾害中决策信息传播模型。上述 4 个研究均可为灾害前信息预警及灾害中决策信息传达服务,旨在最快地使灾害及决策信息覆盖尽可能多的受灾者,并指导受灾者在灾害下做出正确选择。最后,针对灾害后容易产生谣言的情况,本研究考虑人员心理、信息传播特征及专家影响,研究了灾害后谣言与政府辟谣信息竞争模型。此模型可协助政府对灾害后的谣言扩散进行抑制,限制谣言扩散规模,尽早将谣言扼杀在摇篮之中,减小谣言对社会产生的负面影响。

上述研究得到的结果可以为不同灾害情况提供有效的信息传播方案,并为政府的决策提供强有力的科学支撑。

本书具体的研究思路与方案如图 1.4 所示。

本书中各章节安排如下。

第 2 章研究了基于社交媒体的灾害信息传播模型,并根据社交媒体传播机理,将社交媒体分为传统大众媒体、手机媒介及新媒体 3 种。针对不同类型媒体分别进行了信息传播效率分析,研究了不同年龄、不同性别、不同地域以及不同社交媒体可信度对信息传播的影响,并做了敏感性分析。还考虑了政府参与,模拟了社交媒体信息传播过程,为灾害中的信息传播提出了意见与建议,为政府应对灾害时采取的信息传播机制提供了有力支撑。

第 3 章首先主要研究了口头传播机制,并以灾害下谣言传播为例,研究了以口头传播为主的谣言扩散模型。之后,考虑了在无政府及相关部门参与的情况下,受灾人员基于听觉和视觉的信息自获取过程。通过不同环境

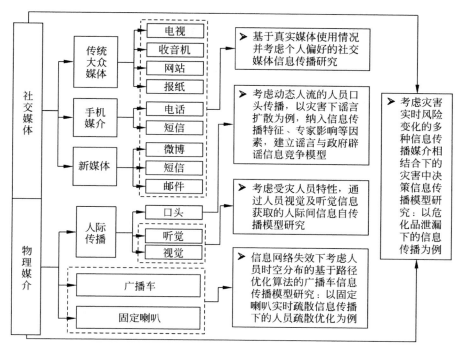

图 1.4 研究思路

下的声音传播情况,模拟分析了突发事件下疏散噪声对周围群体的影响,得到了听觉信息获取情况。并考虑个人属性和建筑物遮挡等情况,分析了不同情况下的视觉信息获取过程。最后对听觉和视觉信息自获取效率进行了分析。

第 4 章基于社交媒体在重大灾害事故中容易出现信息网瘫痪而失效的情况,研究了基于物理渠道的预警信息传播模型。以稳定的广播车信息传播为例,分析了该传播过程的特征并进行效率分析,建立了基于物理渠道的预警信息传播模型。之后,基于路径优化算法,模拟了不同车辆数、车速、声音传播半径及不同时间段下的信息传播情况,并将其应用于灾前预警。同时,考虑人员疏散中的拥堵情况,利用固定喇叭对疏散进行适时引导信息发布,从而达到优化疏散的目的。

第 5 章结合上述所有信息传播途径,综合分析了各信息传播途径的特征。并结合具有不同特征的信息媒介,研究了多途径共同信息传播模型。最终将综合信息传播模型用于危化品泄漏下的决策信息传播上,达到快速传播决策信息的目的。基于灾害中的实时风险,帮助受灾者决策,并将决策信息尽快传播至受灾者。

第 6 章主要总结了本书的具体工作及科研成果,提出了研究创新点,并对下一步工作进行了展望。

第2章　基于社交媒体的信息传播模型研究

本章主要针对9种社交媒体(电视、收音机、报纸、网站、电话、短信、微博、微信、邮件)进行灾害下的信息传播分析。上述9种社交媒体可分为3类:传统大众媒体、手机媒介及新媒体。其中传统大众媒体包括电视、收音机、报纸、网站;手机媒介包括手机电话、短信;新媒体包括微博、微信、邮件。研究区域选为中国首都北京。考虑北京市复杂的人口流动、各社交媒体使用情况、传播机理、使用者个人偏好和各社交媒体的传播机理等对社交媒体传播情况进行了模拟,并对模拟结果进行了分析。

在电视、收音机及网站信息传播模型研究中,考虑了电视(收音机、网站)的使用率、收看电视(收听广播、浏览网页)的时间段分布及持续时长、通过电视(收音机、网站)传播的灾害信息可信度(可信度指信息通过某个特定媒体进行发布或传播,使用者相信该渠道信息的概率)。在报纸信息传播模型研究中,考虑了读报者的比例、读报频率及通过报纸传播灾害信息的可信度。电话及短信信息传播模型研究中,考虑了电话(短信)的使用率、通过电话(短信)转发灾害信息的概率、电话(短信)的延迟时间、电话的接听情况以及通过电话(短信)传播灾害信息的可信度。微博信息传播模型研究中,考虑了微博的使用率、粉丝数、关注数、通过微博转发灾害信息的概率、通过微博发布灾害信息的可信度。邮件信息传播模型研究中,考虑了邮箱的使用率、使用者每天登录邮箱次数、信息转发概率和通过邮件传播的灾害信息可信度。

本章还对不同年龄人群、性别人群、不同社交媒体可信度以及不同政府参与度下的灾害信息传播情况进行了分析。并对不同可信度下的信息传播进行了对比,分析了不同信息传播媒介的传播特征。为了简化信息传播过程,建立了灾害信息传播数学模型,与基于过程分析的计算机模拟方法相比,计算时间从几个小时降至几分钟,然而精确性却没有降低很多。

2.1　社交媒体使用情况分析

社交媒体(social media)是一种现代的社交方式,主要指基于信息网络的用户交流途径[65]。本章根据上面的 3 种分类,研究各社交媒体信息传播特征与规律,并通过建立各媒介信息传播模型,模拟灾害信息在人群中的传播。本研究通过在北京市不同区县分发的 370 份有效问卷(见附录 A),统计了居民对各种信息媒体的使用情况(本书研究的社交媒体统计均为对白天使用情况的统计)。

(1) 电视

电视通常是人们获取较多灾害信息的渠道之一,其信息更新速度与收音机相近,在各媒介中名列前茅[66]。在所有信息传播媒介中,人们对电视的相信度是最高的[67],约为 80%。同时电视还有着极快的信息发布速度,2013 年雅安地震发生 18 min 后,东方卫视就开始直播地震新闻。电视传播速度固然非常快,但在很大程度上取决于灾害信息的发布时间段。图 2.1 为北京市居民电视收看时间分布,可见,收看电视最集中的时段为 18—21 时,平均每人每小时看电视时间 22 min,其次是 21—24 时,平均看电视时间为 8.5 min,而 0—6 时,平均电视收看时长最短。

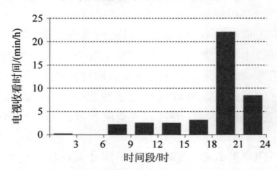

图 2.1　电视收看时间分布

表 2.1 为不同群体通过电视获取信息的相关数据。可见郊区居民电视收看时间远大于城市居民,大龄人群电视收看时间远大于年轻人群,且女性电视收看时间多于男性。而从可信度来看,郊区 46~55 岁的男性群体是最容易相信电视信息的群体,而城区 36~45 岁的女性群体则最不容易相信电视信息。所以利用电视进行灾害信息传播时,郊区更容易接收信息,这也弥

补了郊区信息网不发达和传播速度慢的不足。

表 2.1　不同群体通过电视获取信息的数据

类别	平均看电视时间/(min/d)	电视可信度/%
城区	92.12	78.55
郊区	146.87	79.56
16～25 岁	98.55	78.00
26～35 岁	119.65	77.59
36～45 岁	112.52	75.96
46～55 岁	141.00	84.00
55 岁以上	175.02	79.67
男性	122.55	78.77
女性	128	78.73

（2）收音机

收音机的用户呈减少趋势,使用率仅为 20.33%。但由于其较快的更新速度(与电视和网站基本相同),在灾害中也经常被用来传播信息。例如,汶川地震后的 27 min,成都广播交通台率先向成都市民传达灾情。同时收音机有着跟电视一样的弊端,即传播速度在很大程度上取决于时间段。图 2.2 为收音机收听时间分布,与电视收看时间分布有所不同,6—9 时及 18—21 时为收听收音机较频繁的时间,但是由于覆盖率较低,导致每人平均每小时的收听时间不足 1 min。除 0—6 时基本无人收听外,其余时间段收听时间分布相对较均匀。

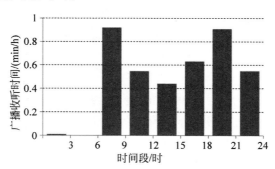

图 2.2　收音机收听时间分布

表 2.2 为不同群体通过收音机获取信息的相关数据。该特征与电视大不相同,城区每人每天平均收听广播的时间远大于郊区,26～35 岁为最爱

收听广播的年龄段,而男女区别甚微。在可信度方面,随着年龄的增大,对广播信息的可信度也越来越高,55 岁以上的群体认为,如果收音机预报了灾害信息,90%的概率是真实的。而在年轻群体(16~25 岁)中,此概率仅为 65.65%。

表 2.2　不同群体通过收音机获取信息的数据

类别	平均听广播时间/(min/d)	收音机可信度/%
城区	17.64	69.45
郊区	8.01	70.8
16~25 岁	12.28	65.65
26~35 岁	17.68	67.27
36~45 岁	6.16	71.15
46~55 岁	11.84	80.40
55 岁以上	10.68	90.00
男性	12.21	72.24
女性	11.77	68.86

(3) 报纸

报纸是我国非常传统的信息传播方式之一,由于信息内容较为正式,渠道可信度较高,也会被用来传播一些具有长预警时间的灾害信息,如预报台风等。表 2.3 为不同群体通过报纸获取信息的数据。可见城区平均每人每天看报纸份数为郊区的 3.7 倍,且随着年龄的增加,日均看报纸次数会有小幅下降,女性比男性看报纸的比例更高。从可信度角度出发,报纸的可信度仅次于电视,排在第二位。且具有城区高于郊区,女性高于男性的特征,而在所有年龄群体中,46~55 岁人群的报纸可信度最高,达到 80.94%。故在有足够的时间进行预警信息发布的情况下,利用报纸传播信息也是很好的选择。

表 2.3　不同群体通过报纸获取信息的数据

类别	天均看报纸份数/(份/d)	报纸可信度/%
城区	0.597	74.84
郊区	0.163	73.56
16~25 岁	0.431	77.25
26~35 岁	0.439	71.87
36~45 岁	0.393	67.25
46~55 岁	0.381	80.94

类别	天均看报纸份数/(份/d)	报纸可信度/%
55 岁以上	0.104	70.00
男性	0.334	70.88
女性	0.402	75.88

（4）网站

网站作为日益流行的信息媒体,越来越多地被人们使用。网站在传播灾害信息方面有着其独到的优势。根据数据调查,网站是人们获取信息最重要的渠道,并且越来越多的人开始通过网站获取信息[68]。网站也有着不亚于电视与收音机的实时更新速度[69],非常适合发布灾害信息。2008 年中国汶川地震发生 18 min 后,新华社网站便向全世界发出第一条相关快讯[70]。而 5 年后的雅安地震中,搜狐新闻客户端对此的快讯在 9 min 后就出现了(http://www.donews.com/net/201304/1475791.shtm)。此外,随着网民数量的上升(2015 年达到 6.7 亿人),网站的信息覆盖率及传播速度也越来越高。

《中国互联网络发展状况统计报告》指出,2014 年中国网民的人均周上网时长达 26.1 h,平均每天上网长达 3.73 h。而根据百度对 150 万个站点的网民上网时间分布进行调查和统计,上网人数的峰值出现在 21 时。而通过调查问卷发现,网站的可信度对不同群体而言分别为:城区 54.73%,郊区 62.19%,16～25 岁 54.49%,26～35 岁 64.16%,36～45 岁 52.58%,46～55 岁 53.33%,55 岁以上 63.33%,男性 57.78%,女性 56.98%。所以对郊区 26～35 岁的男性群体而言,网站的可信度最高,而对城区 36～45 岁的女性群体而言,网站的可信度最低。

接下来本书对手机媒介进行分析。

（5）电话

电话是当今社会最为常用的通信方式之一,根据调查问卷的统计结果,北京市居民的手机覆盖率已达到 99% 以上。并且利用电话进行信息传播时的信息量大,容易让信息受众更全面地了解灾害信息,辅助其做出正确判断。另外,电话有铃声或振动提醒功能,辅助信息受众接听并获取信息。但是,通过电话的信息传播也存在一些不足:第一,电话存在占线、无人接听、不方便接听、已关机等情况(根据电话拨打实验,近 50% 的电话使用者不能在第一时间接听),大大降低了信息传播效率;第二,电话只能一对一进行传播,而非一对多的方式,限制了信息传播速度;第三,电话过于依赖网络,在基站过载或网络被大灾害破坏的情况下,电话传播途径失效。

表 2.4 为不同群体通过电话传播信息的数据。其中电话传播信息人数表示如果该居民接收到灾害信息,在有时间的情况下,会将信息通过电话方式传播给的人数。由表 2.4 可看出,在遇到灾害时,城区居民比郊区居民更偏好传播信息,26~35 岁群体的电话传达能力最强,男性比女性传播能力更强。从电话可信度分析,生活在城区的年轻(16~25 岁)女性最容易相信来自电话的灾害信息,而郊区 36~45 岁男性则最不容易相信。

表 2.4　不同群体通过电话传播信息的数据

类别	平均电话传播信息人数	电话可信度/%
城区	8.28	49.19
郊区	5.37	38.02
16~25 岁	6.98	52.95
26~35 岁	9.23	46.44
36~45 岁	7.27	36.22
46~55 岁	4.10	38.11
55 岁以上	2.40	30.00
男性	7.53	41.72
女性	5.52	44.65

（6）短信

短信同电话一样,也是最常用的通信方式之一,其覆盖率达到 99%。灾害中,短信不仅同电话一样有提示音,可辅助信息接收,还能进行一对多的信息发布,效率较高。所以,短信经常被用作灾害中的信息传播方式。但是,信息量较小容易出现基站过载,在信息网毁坏时无法正常使用,也是短信传播信息存在的几个问题。表 2.5 为不同群体通过短信传播信息的数据。其中平均接收延迟时间为手机使用者从手机收到信息到查看信息消耗的时间。可看出城区及男性的接收延迟时间较低,并且随着年龄的增长,延迟时间也会不断增加。从转发人数看,在遇到灾害时,城区比郊区居民更偏好传播信息,年轻群体传播能力强,男性比女性传播能力稍强。从短信可信度分析,生活在城区的年轻(16~25 岁)女性最容易相信来自电话的灾害信息。

表 2.5　不同群体通过短信传播信息的数据

类别	短信转发人数	平均接收延迟时间	短信可信度/%
城区	8.77	3.31	43.22
郊区	5.09	5.13	39.50
16～25 岁	9.07	1.99	46.98
26～35 岁	9.66	4.35	46.34
36～45 岁	4.73	5.54	31.78
46～55 岁	3.69	5.75	40.61
55 岁以上	3.29	9.47	20.00
男性	6.80	3.61	38.62
女性	6.53	4.81	43.24

（7）微博

微博是近些年流行起来的信息媒体,属于一对多的信息传播方式,所以当信息携带者数量较多时,传播速度快。合理利用影响力较大的节点可以更快地对信息进行传播[71]。另外,微博信息发布者可以是政府单位,同时也可以是普通群众,信息无须得到验证,加大了灵活性,省去了中间步骤消耗的时间,加快了信息发布速度。2013 年雅安地震发生 53 s 后,成都高新减灾研究所发出了关于地震的第一条微博。但也正因为该传播模式过于灵活导致谣言四起[72]。从不足 50% 的微博可信度也可见一斑。若能结合政府官方发布的灾害信息,微博将会是灾害下信息传播的良好途径。

根据对北京市不同群体进行调查发现(见表 2.6),城区人群的微博使用率为郊区的 3 倍左右。并且随着年龄的上升,微博使用率大幅下降,在 16～25 岁人群中,微博使用率达到 80.41%,而 55 岁以上的微博使用率仅为 4.44%。女性的微博使用率也明显高于男性。使用频次、粉丝数、关注数及灾害信息转发率也基本符合使用率越高的群体,参数的数值也越大的趋势。另外,对来自微博的灾害信息可信度进行分析,结果表明城、郊区的数据基本持平,而随着年龄的上升,对微博这种新兴媒体的可信度不断降低,从 16～25 岁的50.77% 降至 55 岁以上的 25.00%。同时,女性比男性更容易相信微博信息。

表 2.6　不同群体通过微博传播信息的数据

人群	使用率/%	频率/(次/d)	粉丝数	关注数	转发率/%	可信度/%
城区	72.03	3.38	206.63	191.79	49.18	47.72
郊区	24.16	2.73	142.24	124.55	32.14	48.46

续表

人群	使用率/%	频率/(次/d)	粉丝数	关注数	转发率/%	可信度/%
16~25 岁	80.41	3.83	222.63	199.14	61.90	50.77
26~35 岁	72.41	2.94	179.89	161.54	42.67	50.00
36~45 岁	21.31	2.23	21.33	8.00	22.58	44.09
46~55 岁	13.89	1.57	22.60	15.00	29.03	32.67
55 岁以上	4.44	1.50	10.00	3.00	9.09	25.00
男性	37.27	2.73	149.87	110.65	37.89	40.42
女性	53.62	3.54	183.16	181.90	47.22	53.26

（8）微信

微信作为一种更为新兴的社交工具，近些年越来越流行。数据显示2015 年中国微信活跃用户数已超过 5.49 亿。这也导致目前有一些灾害信息通过微信平台进行传播[73]。微信由于具有覆盖率高、使用频繁（55% 的人每天打开微信超过 10 次；25% 的人每天打开微信超过 30 次）的特性，并且通过朋友圈功能，可以达到一对多的高效信息传达的目的，因此若用来传播灾害信息，具有很大优势。但微信相比短信仍有其劣势，如朋友圈的灾害信息更新后，无法自动弹出，即如果使用者不主动查询微信，无法得到相关信息。

由于微信与微博的传播模式非常相似，本研究模拟中，微信的数据参照微博的数据使用。

（9）邮件

邮件作为一种信息媒体，由于较长的延迟时间，较低的可靠性（45%），很少用于灾害信息的传播，但在长时间的预警信息传播中可以派上用场。但是，在大灾害中，信息网基本被摧毁的情况下，用邮件进行一些小数据量的信息传播也是一种可行的方法[74]。

表 2.7 为不同群体的邮件使用情况。邮件转发人数为收件者在收到灾害信息时，平均会将其转发给的人数。由表 2.7 可见，年龄越小的群体转发的人数越多，男性转发的人数多于女性。从登录邮箱的次数来看，城区是郊区的近 4 倍，女性多于男性。而从邮件本身的可信度看，郊区 26~35 岁的女性更容易相信邮件信息，而城区 36~45 岁的男性不容易相信邮件信息。

根据对上述 9 种社交媒体的数据进行分析发现，城区的信息传播能力大于郊区。除电视外，所有媒体的使用率均为城区大于郊区。由于新媒体的不断涌出,且年轻人是该类媒体的主要覆盖对象,故随着年龄的增长,新媒体的信息传播能力逐渐下降。年龄较大的群体更愿意从传统的社交媒体,如电视、收音机和报纸获取信息。从性别角度来看,女性比男性有更强的信息获取及传播的能力。

表 2.7　不同群体的邮件传播信息的数据

类别	邮件转发人数	登录邮箱次数	可信度/%
城区	7.91	2.36	43.94
郊区	8.01	0.61	47.23
16～25 岁	13.49	1.94	44.56
26～35 岁	8.90	2.60	45.08
36～45 岁	3.55	0.94	42.61
46～55 岁	2.85	0.52	45.00
55 岁以上	1.54	0.03	43.86
男性	9.69	1.14	40.97
女性	7.56	1.66	46.54

2.2　传统大众媒体灾害信息传播模型

从信息传播特征看,上述 9 种社交媒体可分为 3 类,包括传统大众媒体(电视、收音机、报纸和网站)、手机媒介(如手机电话及短信)和新媒体(如微博、微信、邮件)。而对于传统大众媒体,传播源为政府或者相关部门,不能为个体本身,并且传播方式为同一时间的一对多传播。下面首先对传统大众媒体的传播过程进行分析。

2.2.1　传统大众媒体信息传播过程分析

传统大众媒体的传播,传播源为政府、相关部门或媒体本身。政府或相关部门对灾害进行监测,一旦发现危险,会在第一时间编辑灾害预警信息,通过传统大众媒体进行信息发布。以电视为例,图 2.3 为电视信息传播过程。突发事件发生后,相关部门需要对信息进行预处理,包括对信息进行验证和整合,之后通过电视进行发布。如果即将受到灾害的受灾者当时不在看电视,则无法及时获取到相关消息。假定灾害信息每小时循环播放一次,若该居民正在看电视,是否正好能看到正在循环播放的信息也是获取信息的必要条件。当观看者看到信息后,由于个体对电视发布的信息存在可信度的问题,能否相信电视中的灾害信息也是获取信息的必要条件,最终判断该居民在本流程中是否成功获取并相信信息。由于收音机及网站的信息获取流程与电视相同,本书不一一列举。

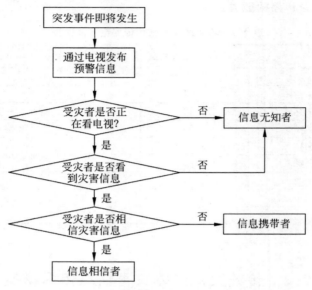

图 2.3　电视信息传播过程

2.2.2　传统大众媒体信息传播数学模型

（1）电视（收音机）

在本研究的电视传播模型中,一天 24 h 被分为 8 个时间段,每个时间段 3 h。同时还假定在 3 h 时间段内,如果观看者收看电视,则观看时间是连续的。假定某个时间段,居民 i 正在看电视的概率为 $P_{1,\mathrm{TV}}$,若定义该居民 i 时间段内收看电视的总时间为 $T_{\mathrm{TV}}(i)$,则该时间段（180 min）内,收看电视的概率 $P_{1,\mathrm{TV}}(i)=T_{\mathrm{TV}}(i)/180$。同时,假设正在收看电视的居民 i 恰好又能看到整点发布灾害信息的概率为 $P_{2,\mathrm{TV}}(i)$,如果居民连续看电视超过 1 h,则一定能收到灾害信息,而如果持续时间未超过 1 h,则收到概率与其收看电视总时长相关。根据上述假设及描述,居民 i 收看电视时,收到灾害信息的概率符合式（2-1）：

$$P_{2,\mathrm{TV}}(i) = \begin{cases} \dfrac{T_{\mathrm{TV}}(i)}{60}, & T_{\mathrm{TV}}(i) < 60 \ \mathrm{min} \\ 1, & T_{\mathrm{TV}}(i) \geqslant 60 \ \mathrm{min} \end{cases} \tag{2-1}$$

假设居民 i 在电视上已收到灾害信息,若其能相信该信息,则可从信息携带者变为信息相信者,从而实施相应决策。本节定义相信电视信息的概率为 $P_{3,\mathrm{TV}}$。而居民对电视信息的相信概率会随着信息在电视上播报次数的增加而增加。假设每次收到的信息被相信的概率为 R_{TV},而收到信息的次数与当次观看时间长度相关。若观看时间小于 60 min,能看到信息的概率及收看次数 n_{TV} 的期望为 $T_{\mathrm{TV}}(i)/60$,若观看时间大于 60 min,由于信息整点播报,则信息获取次数 n_{TV} 为 $[T_{\mathrm{TV}}(i)/60]$,因此总相信概率 $P_{3,\mathrm{TV}}$ 可用式(2-2)表示:

$$P_{3,\mathrm{TV}} = 1 - (1 - R_{\mathrm{TV}})^{n}, n = \begin{cases} \dfrac{T_{\mathrm{TV}}(i)}{60}, & T_{\mathrm{TV}}(i) < 60 \ \mathrm{min} \\ \left[\dfrac{T_{\mathrm{TV}}(i)}{60}\right], & T_{\mathrm{TV}}(i) \geqslant 60 \ \mathrm{min} \end{cases} \tag{2-2}$$

综上所述,某居民能通过电视获取信息的总概率 P_{TV} 可由式(2-3)计算:

$$P_{\mathrm{TV}} = P_{1,\mathrm{TV}} \cdot P_{2,\mathrm{TV}} \cdot P_{3,\mathrm{TV}}$$

$$= \begin{cases} \dfrac{T_{\mathrm{TV}}(i)}{180} \cdot \dfrac{T_{\mathrm{TV}}(i)}{60} \cdot \left[1 - (1 - R_{\mathrm{TV}})^{\frac{T_{\mathrm{TV}}(i)}{60}}\right], & T_{\mathrm{TV}}(i) < 60 \ \mathrm{min} \\ \dfrac{T_{\mathrm{TV}}(i)}{180} \cdot \left[1 - (1 - R_{\mathrm{TV}})^{\frac{T_{\mathrm{TV}}(i)}{60}}\right], & T_{\mathrm{TV}}(i) \geqslant 60 \ \mathrm{min} \end{cases}$$

$$\tag{2-3}$$

下面对收看电视的平均延迟时间进行分析。图 2.4 中,涂色部分表示在某时间段(3 h)中持续收看电视的时长。t_1 表示在 0—3 时持续收看电视时长,t_8 则表示在 21—24 时的连续收看电视时长。

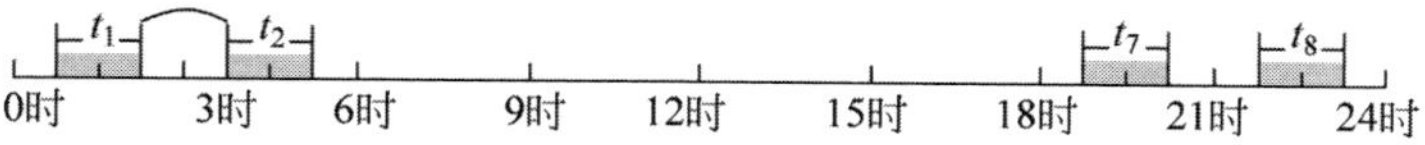

图 2.4　电视收看时间辅助

当信息在 0—3 时发布时,在阶段 1(t_1-t_2)部分的延迟时间可由式(2-4)计算:

$$T_{\text{delay,TV}-1} = P_{\text{TV}-1} \int_{t_1}^{t_2} f_{\text{TV}-1}(t) \cdot p_{\text{TV}-1} \mathrm{d}t$$

$$= \frac{3 - \dfrac{t_1}{2} - \dfrac{t_2}{2}}{24} \int_{1.5+\frac{t_1}{2}}^{4.5-\frac{t_2}{2}} \left(4.5 - \frac{t_2}{2} - t\right) \cdot \left(\frac{\mathrm{d}t}{3 - \dfrac{t_1}{2} - \dfrac{t_2}{2}}\right) \quad (2\text{-}4)$$

其中，$T_{\text{delay,TV}-1}$ 表示在第一个时间段内，收看电视获取信息的平均延迟时间；$P_{\text{TV}-1}$ 表示在第一个时间段内，没有收看电视的时间占 24 h 的比例；$f_{\text{TV}-1}$ 表示在第一个时间段内延迟时间的函数；$p_{\text{TV}-1}$ 表示时间 $\mathrm{d}t$ 的权重。则全天（8 个时间段）综合电视延迟时间 $T_{\text{delay,TV}}$ 的计算式可以总结为式（2-5）：

$$T_{\text{delay,TV}} = \frac{1}{48}\left[\sum_{n=2}^{8}\left(\frac{t_{n-1}}{2} + \frac{t_n}{2} - 3\right)^2 + \left(\frac{t_1}{2} + \frac{t_8}{2} - 3\right)^2\right] \quad (2\text{-}5)$$

此电视信息传播的数学模型可运用在灾害下的信息传播上。并且由于数学模型的运算过程简单，可以达到实时模拟的效果，因此弥补了基于动态过程的计算机运算长耗时的不足。

收音机的相关过程与电视完全一致，本书不再专门对通过收音机的信息获取进行叙述。

（2）网站（报纸）

由于网站的单次浏览时间较电视会短很多，在本研究的网站传播模型分析中，一天 24 h 被分为 48 个时间段，每个时间段为 0.5 h。假定在该 0.5 h 内，如果网民上网，则上网时间是连续的。并且网站不同于电视，灾害信息在网站上并非每小时刷新，而是一直贴于网页上，所以只要用户上网就能获取信息。根据电视信息发布模型，通过网站获取信息的概率如下：居民 i 在该时间段上网的概率为 $P_{1,\text{np}}$；上网看到并相信信息的概率为 $P_{2,\text{np}}$。则综合概率 P_{np} 可通过式（2-6）算得：

$$P_{\text{np}} = P_{1,\text{np}} \cdot P_{2,\text{np}} = \frac{T_{\text{np}}(i)}{30} \cdot (1 - R_{\text{np}}), \quad T_{\text{np}}(i) \leqslant 30 \text{ min} \quad (2\text{-}6)$$

其中，R_{np} 是网站的可信度；$T_{\text{np}}(i)$ 是网民 i 在该 0.5 h 内上网的时间期望。

参考电视的平均延迟时间计算式，网站在第一时间段获取信息的平均延迟时间由式（2-7）算得：

$$T_{\text{delay,np}-1}(t_1, t_2) = P_{\text{np}-1} \int_{t_1}^{t_2} f_{\text{np}-1}(t) \cdot p_{\text{np}-1} \mathrm{d}t$$

$$= \frac{0.5 - \dfrac{t_1}{2} - \dfrac{t_2}{2}}{24} \int_{1.5 + \frac{t_1}{2}}^{4.5 - \frac{t_2}{2}} \left(0.75 - \frac{t_2}{2} - t\right) \cdot \left(\frac{\mathrm{d}t}{0.5 - \dfrac{t_1}{2} - \dfrac{t_2}{2}}\right) \quad (2\text{-}7)$$

其中，$T_{\text{delay,np-1}}(t_1, t_2)$ 表示在 $t_1 - t_2$ 时间段内网站的平均延迟时间；$P_{\text{np-1}}$ 表示在第一个时间段内，没有上网的时间占 24 h 的比例；$f_{\text{np-1}}(t)$ 表示在第一个时间段内延迟时间的函数；$p_{\text{np-1}}$ 表示时间 $\mathrm{d}t$ 的权重。则根据每时段的延迟时间分布，可计算出全天候的平均网站信息获取延迟时间 $T_{\text{delay,np}}$ 如式（2-8）所示：

$$T_{\text{delay,np}} = \frac{1}{48}\left[\sum_{n=2}^{48}\left(\frac{t_{n-1}}{2} + \frac{t_n}{2} - 0.5\right)^2 + \left(\frac{t_1}{2} + \frac{t_{48}}{2} - 0.5\right)^2\right] \quad (2\text{-}8)$$

报纸的传播机理与网站完全一致，本书也不对报纸再做分析。

2.2.3　传统大众媒体信息传播模拟

本节的所有信息传播模拟将以北京市为例。下面对研究区域进行简单介绍。

北京是中华人民共和国的首都，也是超大型城市。超高的人口密度，超快速的经济发展，重要的政治地域是本研究选取北京市作为研究区域的主要目的。

2010 年北京市第六次人口普查统计资料显示，北京市常住人口达到 1961.2 万（考虑流动人口，在最终模拟中，将北京市人口设置为 2500 万），其中东城区 91.9 万，西城区 124.3 万，朝阳区 354.5 万，海淀区 328.1 万，丰台区 211.2 万，石景山区 93.3 万，门头沟区 29.0 万，房山区 94.5 万，通州区 118.4 万，顺义区 87.7 万，昌平区 166.1 万，大兴区 136.5 万，怀柔区 37.3 万，平谷区 41.6 万，密云县 46.8 万，延庆县 31.7 万，共占地 16 410.54 km^2。

预警信息传播模型主要运用了北京市居民的性别、居住区域、年龄和户口等属性，这些数据均来自 2000 年北京市第五次人口普查统计资料。北京市中心区域面积较小，但是人口密度巨大。依据 2.3.1 节中描述的传播流程，利用 VB.NET 进行编程，本书最终模拟出北京市 2500 万人口规模下的信息传播情况。

（1）电视

图 2.5 为在拥有 2500 万电视收看者的情况下，不同群体通过电视的信

息获取情况。图 2.5(a)为不同年龄段群体的信息获取并相信的情况。可见,通过电视的信息获取有明显的时间性,该模拟数据为 0 时开始发布信息的情景。年龄最大的组别(46～55 岁)获取信息的能力远大于年龄最小的组别(16～25 岁),这也说明年长者较年轻者看电视获取信息的能力更强。并且 16～35 岁组别在开始时的传播速度大于 36～55 岁组别,这也说明年轻人在 18 时前收看电视的比例较大,而 18 时以后老年群体收看电视的时间较多。26～35 岁及 36～45 岁两个组别的初始传播速度(18 h 之前),前者高于后者,但 10 天(14 400 min)后,36～45 岁组别的信息相信者数量超过 26～35 岁组别。这说明,36～45 岁组别对电视信息的相信概率较高,导致最终信息获取人数较多。

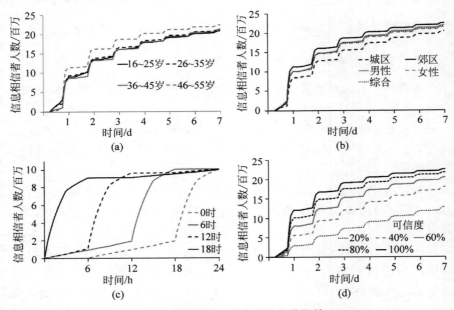

图 2.5 不同群体下的电视信息获取情况

(a) 不同年龄段;(b) 不同地域、性别;(c) 不同信息发布时间;(d) 不同可信度

图 2.5(b)通过对地域、性别进行分析发现,所有组别在收看电视的时间分布方面,基本处于一致。城区电视信息获取能力小于郊区,女性通过电视获取信息的能力稍高于男性。黑色点虚线曲线为综合地域、性别、年龄真实分布下的电视信息获取数据。由于凌晨电视收看人数少,信息发布后的 6 h,4 万多人相信灾害消息;12 h 后,近 95 万人相信灾害消息;一天后,

1000 多万人相信消息；一周后，2172 万居民相信消息。对于可以长时间预警的灾害，如台风、暴雨、雨雪、冰冻等，经过一天的电视信息发布，可以有超过 40% 的收看者通过电视获取并相信消息，经过一周的电视信息发布，将近 87% 的电视观看者能收到并相信灾害信息。

图 2.5(c)为不同信息发布时间对电视信息获取的影响。信息分别由 0时(灰色虚线)、6 时(灰色实线)、12 时(黑色虚线)和 18 时(黑色实线)4 个时刻发出。信息发布 24 h 后，信息相信者人数一样，但是在初始速度上，18时信息发布时的信息接收速度最快，其次是 12 时发布，最后是 0 时发布。如果灾害信息在 18—21 时的时间段发布，则通过电视的信息获取效率会非常高，而 0 时时进行信息发布效率会很低。

图 2.5(d)为不同可信度对电视信息接收的影响。随着可信度的提高，居民通过电视的信息获取速度越来越快。但是，随着可信度的不断上升，信息接收速度的上升幅度会逐渐变小。20% 可信度下的传播速度大约为100% 可信度下传播速度的一半。而当可信度达到 80% 时，再继续增加可信度，对接收速度的影响不大。所以，政府加强公信度，从而加强大众媒体信息的可信度可以增加传播效率。但是在公信度很高的情况下，应该把更多精力放在传播途径的选择与结合上。

（2）收音机

图 2.6 为在拥有 2500 万收音机听众的情况下，不同群体通过收音机获取信息的情况。图 2.6(a)为不同年龄段下的信息获取并相信的情况。通过收音机的信息发布与电视相似，有明显的时间性，该模拟同样也为凌晨 0时开始发布信息的情景。36～55 岁组别的收音机信息获取能力大于 26～35 岁组别，而年龄最小的组别(16～25 岁)的收音机信息获取能力最弱，这也说明年长者较年轻者更偏好收音机，也说明收音机在逐渐被淘汰。另外，通过第一天中的曲线规律可以发现，与电视相比，一天中广播的收听时段没有电视那么集中，而是比较均匀地分散在 6—21 时。同时，老年人更爱好在早上收听广播。

图 2.6(b)为不同地域与性别群体的收音机信息获取情况。收音机的使用在城区、郊区、男性和女性之间基本保持一致，即通过收音机的信息获取情况与地域和性别关系不大。黑色曲线反映了真实人群分布下的收音机信息获取数据，在信息发布后的 6 h，22 000 多人相信灾害消息；发布后12 h，超过 210 万人相信灾害消息；一天后，将近 450 万人相信消息；一周后，超过 1500 万的居民相信消息。所以，对于可以长时间预警的灾害，经过

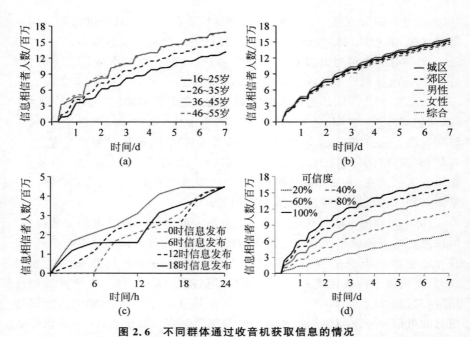

图 2.6　不同群体通过收音机获取信息的情况

（a）不同年龄段；（b）不同地域、性别；（c）不同信息发布时间；（d）不同可信度

一天的收音机信息发布，超过 18％的收音机用户能通过收音机获取并相信消息，一周后，超过 60％的收音机用户能收到并相信灾害信息。但是，较低的收音机使用率是限制灾害下使用收音机传播灾害信息的主要原因。

图 2.6(c)为不同信息发布时间对收音机信息获取的影响。从初始速度角度进行分析，上午 6 时发布信息的接收速度最快，其次是下午 18 时，而凌晨 0 时发布信息的接收速度最慢。所以，如果灾害信息在上午 6—9 时的时间段发布，则通过收音机信息传播的效率会相对较高。

图 2.6(d)为不同可信度对收音机信息接收的影响。随着可信度提高，居民通过收音机的信息获取速度越来越快。并且收音机的特征与电视信息发布的特征基本一致，所以本书在此处不多做分析。

（3）报纸

图 2.7(a)为不同年龄人群下的报纸信息获取情况。可见，年龄对通过报纸接收信息的影响并没有之前的一些媒体明显，但是年轻人群（16～35 岁）占据信息获取能力的顶端，其次是 36～45 岁人群，而 46～55 岁群体报纸信息获取能力最差。

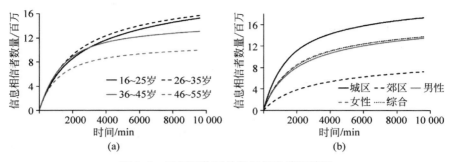

图 2.7　不同群体下的报纸信息获取情况

（a）不同年龄；（b）不同地域、性别

图 2.7（b）为不同地域、性别群体的报纸信息获取情况。地域对报纸信息传播影响较大，城区远高于郊区，而性别的影响基本可以忽略。通过对黑色报纸传播综合曲线的分析可以发现，在真实情况下，报纸传播基本呈现对数增长，在 9600 min 后，报纸信息只传播到了将近 1400 万人，传播速度相对较慢。并且在此模拟中，没有计算报纸的前期准备时间，若算上前期的准备时间，报纸的信息传播速度更慢。故在长时间的灾害传播下，报纸可以起到辅助作用，但是在短时间灾害传播中，报纸基本失效。由于报纸传播速度较慢，这里不对报纸的可信度做进一步分析。

（4）网站

图 2.8 为 2500 万人规模下的网站信息接收情况（2500 万人为真实北京市居民，不全为网民，并且本情况中不考虑人员上网时间分布）。图 2.8（a）为不同年龄群体下的信息接收情况。黑色实线和黑色虚线表示 16～35 岁年龄段人群，灰色实线和虚线表示 36～55 岁年龄段人群。可见，年轻人群

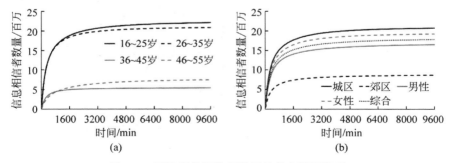

图 2.8　不同群体下的新闻网站信息获取情况

（a）不同年龄段；（b）不同地域、性别

（16～35 岁）的网民比例为 36～55 年龄段人群的 3 倍左右，同时前者的上网频率与上网时间也大大高于中老年人群。所以，灾害情况下通过网站进行信息发布更有利于年轻人群的信息获取，这与电视发布是恰恰相反的。

图 2.8(b)为对不同地域及性别的网站信息获取情况进行的分析，可以发现，城区与郊区的网站信息获取情况相差甚大，城区获取能力为郊区的近 2.5 倍。该差异仅次于年龄段带来的差异。由于城市的电脑普及率较大，网络覆盖率也较大，并且大多数人每天的工作都离不开电脑、网络，所以网站传播灾害信息更有利于城区群体。通过性别曲线的对比可以发现，女性网站信息获取情况优于男性。这是由于女性每天的平均上网次数与上网时间多于男性。但是，性别差异相比于地域及年龄差异，对信息传播的影响较小。黑色曲线为北京市真实情况下的网站信息接收曲线。信息发布 6 h 后，超过 970 万人获取并相信灾害信息；12 h 后，大约有 1263 万人获取到灾害信息；一天后，近 80% 的网民相信灾害信息。由上述数据可知，网站传播灾害信息的速度相对较快，是一种非常好的发布并传播灾害信息的途径。

图 2.9 为中国网民上网时间分布，数据来源于百度网民上网时间分布近 3 个月的数据统计（http://tongji. baidu. com/data/hour）。可见，上网时间在凌晨 4—5 时达到最低值而在晚上 20—21 时达到峰值。白天上班时间（9—18 时）上网时间分布比较平稳，说明白天网民的上网时间分布无特殊性。根据中国网民的上网时间分布，本书模拟了 2500 万网民规模下灾害信息通过网站传播的接收情况。

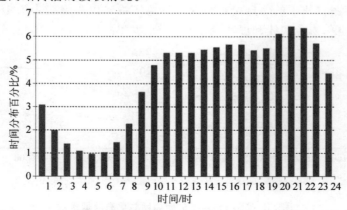

图 2.9　中国网民上网时间分布

图 2.10 为 2500 万网民的网站信息接收情况(本情况中 2500 万人均为网民,并且考虑人员上网时间分布)。图 2.10(a)为不同信息发布时间下的网站信息接收情况。灰色虚线表示凌晨 0 时网站发布信息,此时信息传播速度最慢,由图 2.10 可见,基本在 6 h 之后,信息相信者数量才能进入快速增长期。6 时发布的情况由灰色实线表示。黑色虚线和黑色实线分别为中午 12 时和下午 18 时发布信息的情况。如图 2.10 所示,白天网民的上网时间比较稳定,并且晚上峰值与白天时间上网时间分布差异很小,故在 12 时或 18 时通过网站发布灾害信息,传播效率相当,均较高。

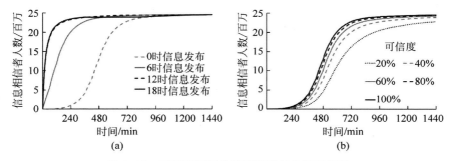

图 2.10　不同情况下的新闻网站信息获取情况

(a) 不同信息发布时间；(b) 不同可信度

由于目前网络信息越来越多,谣言传播也越发频繁,因此网络信息不容易被人们相信。图 2.10(b)为不同可信度下的信息传播情况,可见,由于网民每天平均上网的次数与时间较多,浏览的网页种类也较多,故可信度对通过网站的灾害信息接收速度的影响并不剧烈。某个网民在某一网站上看到灾害信息可能不会相信,但长时间在同一网站或者多次在不同网站上看到相同信息会影响该网民相信信息的概率。图 2.10(b)中,可信度从 20% 上升至 40% 与可信度从 40% 上升至 100% 对信息传播效率的提高量基本一致。说明在灾害信息发布面较广,发布频次较高的情况下,较低的网络可信度对灾害信息接收的影响相对较小。这也说明,网络信息虽然可信度较低,但是影响力还是巨大的。

2.3　电话(手机)媒介灾害信息传播模型

随着手机越来越广泛地被运用,通过手机进行灾害信息的传播也越发普遍。本节研究的手机媒介主要包括电话(手机)和短信两个。

2.3.1　电话(手机)媒介信息传播过程分析

(1) 电话(手机)

本书依据在电话的使用过程中的人员使用特征及电话的信息传播原理,拟定出计算机信息通过电话传播的过程(见图2.11)。在某一时刻灾害发生时,政府、相关部门或者个体通过电话进行信息发布,假设使用者A为被通话对象,若要确保当A在电话响铃时接听,则要保证A的电话不能为占线、无人接听、关机、不在服务区等状态,否则信息传播失败。假设电话使用者A接听电话,并收到了相关灾害信息,则A从信息未知者变为信息携带者,若A不相信该信息,则A在下一次获取信息前,始终保持信息携带者的身份;若A相信该信息,则A可以转为信息相信者。A转为信息相信者后,需继续判断A是否会通过电话对其他人进行灾害信息传播。本研究中认为,在满足以下3个条件时,电话使用者A会通过电话向其他人传达信息:首先,A必须为信息相信者;其次,A本身偏好或希望用电话传达信息;最后,A想传达的人还没有传达完(若所有A想传达的人都传达完毕,

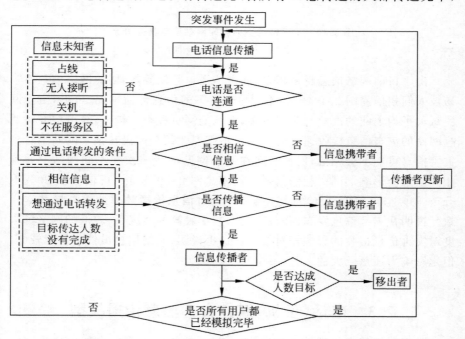

图 2.11　电话信息传播流程

则 A 不会继续通过电话传达信息）。以上叙述的内容为电话传播过程模拟中一个使用者在一个单位时间内需完成的所有事件。

（2）短信

本书依据在手机短信的使用过程中的人员使用特征及短信的信息传播原理,拟定出计算机信息通过短信传播的流程(见图 2.12)。在某一时刻,灾害发生时,政府、相关部门或者个体通过短信进行信息发布,假设使用者 A 为被发布对象。不同于电话,短信不需要实时接听,即如果使用者 A 在短信收到瞬间不在手机旁,可等到延时后,再继续通过短信获取信息。若获取信息后,A 不相信短信,则 A 成为信息携带者,否则 A 变为信息相信者。之后继续判断 A 是否会将灾害信息利用短信转发给其他人。以上叙述的内容为手机短信传播模拟中一个使用者在一个单位时间内需完成的所有事件。

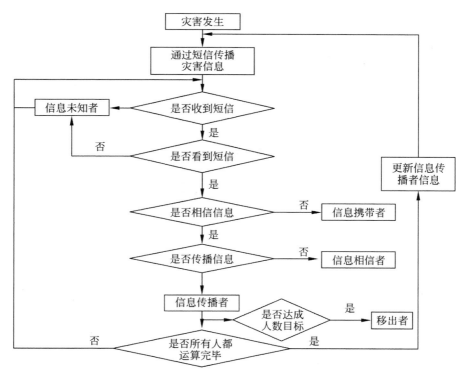

图 2.12　短信信息传播流程

2.3.2　电话(手机)媒介信息传播数学模型

(1) 电话(手机)

电话(手机)是最经常用于传播信息的渠道之一,本节研究了信息通过电话传播的数学模型。根据电话信息传播流程(见图 2.11),$P_{1,\text{phone}}$ 定义为每个时间步长,某个电话使用者收到电话传播的灾害信息的概率(该概率与电话总使用者 N_{phone} 和该时间步长中通过电话传播到的总人数 $n_{\text{sp,phone}}$ 有关);$P_{2,\text{phone}}$ 定义为当电话铃响时,电话使用者能正常接听电话,收到信息的概率(此概率可通过相关的电话实验获得,参考图 2.13);$P_{3,\text{phone}}$ 为每个运算步长中信息携带者相信该信息的概率。该概率与电话本身的可信度(R_{phone})以及信息的接收次数($n_{\text{r,phone}}$)相关,因为当一个人多次接听到来自不同端电话的相同信息时,其对信息的相信概率会不断增加。$P_{4,\text{phone}}$ 为信息接收者会通过电话传播信息的概率。综上所述,概率 $P_{1,\text{phone}}$ 和 $P_{3,\text{phone}}$ 可通过式(2-9)和式(2-10)算得。

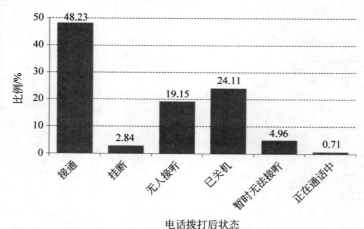

图 2.13　电话拨打后接听情况

$$P_{1,\text{phone}} = 1 - \left(1 - \frac{1}{N_{\text{phone}}}\right)^{n_{\text{sp,phone}}} \tag{2-9}$$

$$P_{3,\text{phone}} = 1 - (1 - R_{\text{phone}})^{n_{\text{r,phone}}} \tag{2-10}$$

$P_{2,\text{phone}}$ 可通过电话拨打实验获得。实验中对 140 名用户拨打了电话,各种电话接听情况见图 2.13。在电话拨通以后,有 48.23% 的用户在第一时间接听了电话,而手机已关机比例占 24.11%,其次是无人接听的比例占

19.15％,用户忙暂时无法接听占 4.96％,而电话铃响后被对方挂断占 2.84％,正在通话中的比例只有 0.71％。本研究中用 $N_{\mathrm{ex,phone}}$ 表示参与实验总人数,N_{ans} 表示接听人数,则 $P_{2,\mathrm{phone}}$ 可用式(2-11)表示。

$$P_{2,\mathrm{phone}}=\frac{N_{\mathrm{ans}}}{N_{\mathrm{ex,phone}}} \tag{2-11}$$

综上,每个步长中通过电话传播信息,被用户相信的总概率 P_{phone} 可由式(2-12)算得:

$$\begin{aligned}P_{\mathrm{phone}}&=P_{1,\mathrm{phone}}\cdot P_{2,\mathrm{phone}}\cdot P_{3,\mathrm{phone}}\\&=\left[1-\left(1-\frac{1}{N_{\mathrm{phone}}}\right)^{n_{\mathrm{sp,phone}}}\right]\cdot\frac{N_{\mathrm{ans}}}{N_{\mathrm{ex,phone}}}\cdot\left[1-(1-R_{\mathrm{phone}})^{n_{\mathrm{r,phone}}}\right]\end{aligned} \tag{2-12}$$

（2）短信

短信与电话一样,为目前运用最广泛的通信渠道之一。根据短信信息流程(见图 2.12),定义 $P_{1,\mathrm{SMS}}$ 为每个时间步长中,用户收到该灾害信息的概率,而此概率与当次已有信息传播者数量 $N_{\mathrm{sp,SMS}}$、平均每人传播人数 $n_{\mathrm{sp,SMS}}$ 以及手机短信使用者总人数 N_{SMS} 有关;$P_{2,\mathrm{SMS}}$ 为已经收到短信的使用者在该步长看到短信的概率,此概率与短信使用者的平均延迟时间 (t_{delay})相关,而短信的平均延迟时间是通过调查问卷获得的真实数据;$P_{3,\mathrm{SMS}}$ 为信息携带者相信该信息的概率,此概率与短信信息可信度(R_{SMS})以及收到信息的总数量($n_{\mathrm{re,SMS}}$)相关。这与电话传播中的理论相似,当一个人收到多条来自不同端的相同信息时,其对信息的相信概率会不断增加。这里的概率 $P_{2,\mathrm{SMS}}$ 可通过程序中间步骤生成,而 $P_{1,\mathrm{SMS}}$ 和 $P_{3,\mathrm{SMS}}$ 可通过式(2-13)和式(2-14)算得。

$$P_{1,\mathrm{SMS}}=1-\left(1-\frac{1}{N_{\mathrm{SMS}}}\right)^{N_{\mathrm{sp,SMS}}\times n_{\mathrm{sp,SMS}}} \tag{2-13}$$

$$P_{3,\mathrm{SMS}}=1-(1-R_{\mathrm{SMS}})^{n_{\mathrm{re,SMS}}} \tag{2-14}$$

综上,每个步长中通过手机短信传播的信息,被用户相信的总概率 P_{SMS} 可由式(2-15)算得。

$$\begin{aligned}P_{\mathrm{SMS}}&=P_{1,\mathrm{SMS}}\times P_{2,\mathrm{SMS}}\times P_{3,\mathrm{SMS}}\\&=\left[1-\left(1-\frac{1}{N_{\mathrm{SMS}}}\right)^{N_{\mathrm{sp,SMS}}\times n_{\mathrm{sp,SMS}}}\right]\cdot P_{2}\cdot\left[1-(1-R_{\mathrm{SMS}})^{n_{\mathrm{re,SMS}}}\right]\end{aligned} \tag{2-15}$$

2.3.3　手机媒介信息传播模拟

由于电话的使用时间不便进行统计,而且短信与电话具有响铃或振动提醒模式,故在本节中,不考虑信息发布时间对手机媒介的信息接收影响。

（1）短信

图 2.14 为不同群体对灾害信息通过短信传播的情况分析(不考虑政府参与,不考虑基站的承载量限度),所有数据均来自调查问卷的真实数据,信息传播规模设置为 2500 万人。图 2.14(a)为不同年龄段下短信接收情况。年轻组别(16～35 岁)是信息传播能力最强的群体。从黑色实线及虚线可以看出,年轻组别传播初期虽然有速度局限,但在大约 30 min 后,信息相信者数量呈极快速度上升。而 36～55 岁组别的信息传播速度相对较慢。相对于年轻人,36～55 岁组别人群的手机使用频率会大幅下降,再加上对短信的相信度较低,导致最终传播的人数较少。综上所述,基于短信的灾害信息传播同样也有利于年轻群体。

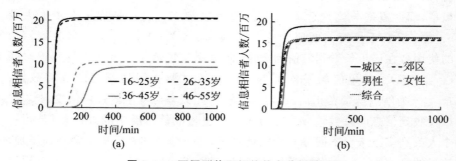

图 2.14　不同群体下短信信息传播情况

（a）不同年龄段；（b）不同地域、性别

图 2.14(b)为不同地域、性别对短信信息传播的影响,由图可见,地域对短信传播的影响较大,而性别的影响基本可以忽略。黑色实线表示城区,由于城区人口的手机短信使用率较高,并且使用频率较大,故城区短信传播效率高于郊区。对综合曲线进行分析(黑色点虚线),发现基于短信的信息传播呈现逻辑斯特曲线。即刚开始由于前期的信息携带者数量较少,转发人数有限,导致传播速度较慢,由于短信的传播模式为一对多传播,当知道灾害信息的人数达到一定程度后(在信息携带者数量达到一定数值后),传播速度大幅增长,最终逐渐平缓。对传播速度进行分析,0.5 h 后,短信通知到的信息相信者数量大于 16 000 人；1 h 后极速增至 676 万人；2 h 后,

达到 1576 万人,为最终人数(16 h 以后)的 95％ 以上。这足以说明信息传播速度之快,尤其在大范围进行信息传播时,速度更加迅速。综上所述,灾害下利用短信进行信息传播,效率非常高。

　　由于短信在所有媒体中可信度最低,这里对不同短信可信度对灾害信息传播的影响进行分析,如图 2.15 所示,可信度对短信传播的影响较大。黑色虚线表示 20％ 可信度下灾害信息的传播情况。在低可信度时,信息相信者数量的增长速度非常缓慢,直至 140 min 才摆脱前期传播速度的限制,而当可信度上升至 40％ 时,该时间降至 40 min,当可信度继续上升至 60％ 时,初速度限制时间降至 25 min 左右。继续增加可信度,对整体信息传播速度影响不明显。故在不同可信度下的短信信息传播过程中,当可信度低于 20％ 时,信息有很大可能性被局限在传播初期,无法突破初期障碍。而根据图 2.15 中对不同短信可信度下的灾害信息传播进行模拟可以发现,当短信可信度达到 60％ 以上时,信息传播效率较高。但是在真实情况下,短信的可信度只有 41％,在所有媒体中排名最后。因此,为了能在真实灾害中通过短信快速传播信息,应急部门应着力提高短信的可信度,从而有效提升灾害信息通过短信的传播效率。而当可信度达到 60％ 时,则无须把大量精力继续放在提升可信度上。

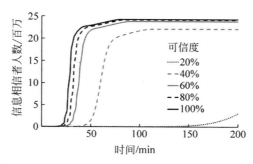

图 2.15　不同短信可信度对灾害信息传播的影响

　　(2) 电话

　　图 2.16 为不同群体下灾害信息通过电话传播的情况分析,传播规模设置为 2500 万人。图 2.16(a)为不同年龄段下信息接收情况。根据不同年龄组的信息传播情况分析,该特征与以上媒体传播特征有所不同,16～25 岁组别,电话的初期速度限制最小,说明该组别的信息传播与获取速度最快,即 16～25 岁组别电话使用频率最高,延迟时间最短,这也完全符合当今

社会的手机使用情况。黑色虚线为 26～35 岁组别,该组别虽然信息获取速度初期落后于 16～25 岁组别,但是后期总信息相信者人数为所有组别中最高,这说明该年龄群体对电话传播信息的可信度最高,且通过电话的信息转发能力较强。随着年龄的继续上升,信息传播效率逐渐下降,46～55 岁(灰色虚线)组别在将近 6 h 后才摆脱初期传播速度的限制,而该组最终的信息相信者数量只有 12 万左右。

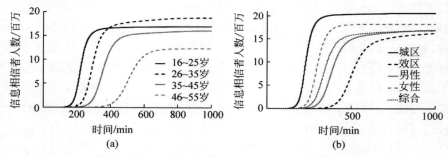

图 2.16　不同群体下灾害信息通过电话传播的情况
(a) 不同年龄段;(b) 不同地域、性别

　　图 2.16(b)为不同地域、性别对通过电话的信息传播的影响,图中显示,地域对电话传播的影响较大,而性别影响较小,这个结果与短信传播有一定区别。黑色实线表示城区,由于城区人口的手机使用率较高,且使用频率较大,导致电话的延迟时间较小。同时,由于城区对电话信息的可信度高于郊区,故城区通过电话的信息传播效率高于郊区。通过对不同性别的传播情况进行分析,女性比男性具有更强的信息传播能力。综合曲线(黑色点虚线)显示出基于电话的信息传播也呈现逻辑斯特曲线,与短信一致。3 h后,有超过 41 万人通过电话获取并相信灾害信息;6 h 后,有超过 1041 万的信息相信者;12 h 后,将近 1655 万人通过电话获取并相信灾害信息。而在灾害信息通过电话传播 8.5 h 后,超过最终人数 95% 的人可以获取并相信该消息。这些数据足以说明利用电话的灾害信息传播速度之快,尤其在大范围进行信息传播时,电话传播更加迅速。综上所述,在不考虑基站承载能力的情况下,利用电话进行信息传播的效率较高,并且传播内容更具体,便于让信息受众了解灾害情况。

　　图 2.17 为不同电话可信度对灾害信息传播的影响。与图 2.15 中的手机短信传播相比,电话传播速度相对慢很多。图 2.17 中,黑色点虚线代表可信度 40% 下的信息传播情况,可见 40% 可信度下,电话突破初期传播速

度障碍的时间非常长,6 h(360 min)之后,信息传播才突破初期传播速度的障碍,主要由电话单次使用时间长、通过电话转发传播信息的人数较少、电话单次信息传播速度较慢造成。

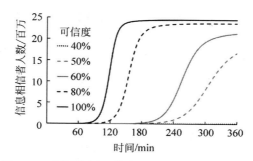

图 2.17　不同电话可信度对灾害信息传播的影响

故当电话的可信度低于 40% 时,信息传播速度会非常慢。随着可信度的增长,当可信度增加至 80% 时,信息传播效率良好,与 100% 可信度下的差别较小。50% 可信度下的初期障碍时间为 180 min,60% 可信度下障碍时间降至 160 min,80% 时降至 100 min,而 100% 可信度下的初期障碍时间只有 70 min。目前真实情况下,电话的可信度为 43% 左右,这也让可信度成为当前灾害信息通过电话传播的最大制约。

2.4　新媒体灾害信息传播模型

随着电子科技的日益发展,越来越多的新媒体被大众使用。根据对新媒体的分析,本研究主要研究了包括微博、微信、邮件在内的 3 个新媒体。由于新媒体的传播机理较为相似,故本节以微博为例,对新媒体的传播过程进行了分析。

2.4.1　新媒体信息传播过程分析

(1) 微博(微信、邮件)

在微博的使用中,本书依据人员使用特征及微博的信息传播原理,拟出了计算机的微博信息传播流程(见图 2.18)。在某一时刻,灾害发生时,政府、相关部门或者个体通过微博进行信息发布,在更新微博在线者的数据之后,判断微博使用者的上线情况。以使用者 A 为例,判断 A 是否在该时间步长使用微博,若使用微博,判断 A 的所有关注者里面,是否有灾害信息发布者,若没有则 A 获取不到信息,若有,并且信息被 A 注意到,则 A 能获取信息,变成信息携带者。而如果 A 不相信该信息,则 A 只能保持信息携带者身份,反之 A 变为信息相信者。如果 A 愿意通过微博继续传播灾害信息,则 A 变为信息传播者,否则 A 保持信息相信者的身份。此为一个单位时间内的信息获取情况,如此反复可得到微博下的信息传播情况。由于通过微信、邮件的信息传播原理与通过微博的信息传播原理较为类似,因此本节以微博为例,而不对微信、邮件的传播原理多做描述。

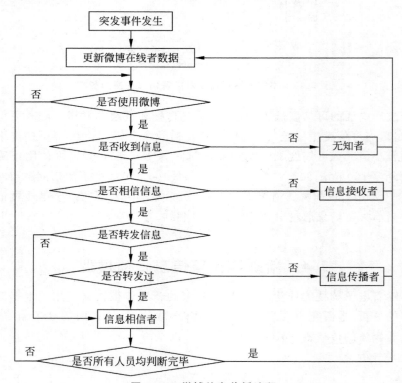

图 2.18　微博信息传播流程

2.4.2　新媒体信息传播数学模型

由于微博、微信及邮件的传播模式比较相似,所以本节以微博为例,讨论这种 1 对 N 的信息传播模式。而 1 对 N 的信息传播模式,再结合较为便捷的使用方式,会导致微博的信息传播速度较快。图 2.19 为通过微博的信息传播流程,假设微博使用者每分钟使用微博的概率为 $P_{1,\text{blog}}$,此概率与使用者平均每天的微博使用次数 n_{blog} 相关；$P_{2,\text{blog}}$ 为上线的微博使用者收到灾害信息的概率,此概率与微博使用者的总数量 $N_{\text{use,blog}}$、微博用户的平均粉丝数量 $N_{\text{fw,blog}}$ 及微博使用者会在收到灾害信息后通过微博转发的概率 $P_{\text{fw,blog}}$ 相关；$P_{3,\text{blog}}$ 为信息携带者相信该灾害信息的概率。在上述所有参数中,$N_{\text{use,blog}}$、n_{blog}、$n_{\text{fw,blog}}$、$P_{\text{fw,blog}}$ 这 4 种参数可通过调查问卷直接获得。则根据传播规律,每一时间步长内,信息传播者数量 $N_{\text{sp,blog}}$ 可通过式(2-16)算得:

$$N_{\text{sp,blog}} = N_{\text{be,blog}} \cdot P_{\text{fw,blog}} \tag{2-16}$$

其中,$N_{\text{be,spread}}$ 为当次的信息相信者增加的数量。

通过对上述所有参数的描述,微博使用者能在某一时间单元内接收到灾害信息的总概率 P_{blog} 为概率 $P_{1,\text{blog}}$、$P_{2,\text{blog}}$、$P_{3,\text{blog}}$ 的乘积,可由式(2-17)表示:

$$\begin{aligned}
P_{\text{blog}} &= P_{1,\text{blog}} \cdot P_{2,\text{blog}} \cdot P_{3,\text{blog}} \\
&= \frac{n_{\text{blog}}}{16\,h \cdot (60\,\text{min/h})}\left[1-\left(1-\frac{1}{N_{\text{use,blog}}}\right)^{N_{\text{spread}} \cdot n_{\text{fw}}}\right]\left[1-(1-R_{\text{blog}})^{n_{\text{re,blog}}}\right]
\end{aligned} \tag{2-17}$$

其中,$n_{\text{re,blog}}$ 为接受者获取到信息的总数量;R_{blog} 为微博信息可信度。

图 2.20 为微博延迟时间计算辅助图。本研究假设微博使用者在 0—8 时不使用微博。基于使用者每天使用微博的次数,使用者每天会从 8—24 时查收微博 n_{blog} 次,每次的间隔时间相等,则每次查收微博的间隔时间为 $16/(n+1)$。通过图 2.19 可知,每天第一次查收时间至每天最后一次查收时间之间为时间段 1,而其他时间为时间段 2。则时间段 1 为收取微博的时间,而时间段 2 为空闲时间。

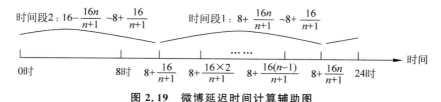

图 2.19　微博延迟时间计算辅助图

首先对时间段 1 下的微博信息接收情况进行计算,总延迟时间 $F_1(t)$ 可通过式(2-18)算得:

$$F_1(t) = P_1 \int_{t_1}^{t_2} f_1(t) \cdot p_1(\text{d}t) \tag{2-18}$$

其中,P_1 表示时间段 1 占全天 24 h 的比例,可通过图 2.20 直接得到;$f_1(t)$ 为延迟时间的函数;$p_1(dt)$ 表示 dt 占总时间的权重。而 P_1、$f_1(t)$ 以及 $p_1(dt)$ 可通过式(2-19)、式(2-20)及式(2-21)得到。

$$P_1 = \frac{16(n_{blog} - 1)}{24(n_{blog} + 1)} \tag{2-19}$$

$$f_1(t) = \frac{16}{n_{blog}} \tag{2-20}$$

$$f_1(t) = \frac{16}{n_{blog} + 1} - t \tag{2-21}$$

根据式(2-19)~式(2-21),$F_1(t)$ 的表达方式如式(2-22)所示:

$$F_1(t) = \frac{\dfrac{16(n_{blog} - 1)}{n_{blog} + 1}}{24} \int_0^{\frac{16}{n_{blog}+1}} \left(\frac{16}{n_{blog} + 1} - t \right) \cdot \frac{dt}{\dfrac{16}{n_{blog} + 1}} = \frac{16(n_{blog} - 1)^2}{3(n_{blog} + 1)^2}$$

$$\tag{2-22}$$

其次对时间段 2 下的微博信息接收情况进行计算,如式(2-23)所示:

$$F_2(t) = P_2 \int_{t_3}^{t_4} f_2(t) \cdot p_2(dt) \tag{2-23}$$

其中,P_2 表示时间段 2 占全天 24 h 的比例,可通过图 2.20 直接得到;$f_2(t)$ 为延迟时间的函数;$p_2(dt)$ 表示 dt 占总时间的权重;P_2、$f_2(t)$ 及 $p_2(dt)$ 可通过式(2-24)、式(2-25)和式(2-26)算得:

$$P_2 = \frac{n_{blog} + 5}{3(n_{blog} + 1)} \tag{2-24}$$

$$f_2(t) = 8 + 2\frac{16}{n_{blog+1}} - t \tag{2-25}$$

$$p_2(dt) = \frac{dt}{8 + 2\dfrac{16}{n_{blog} + 1}} \tag{2-26}$$

根据式(2-24)~式(2-26),$F_1(t)$ 的表达方式如式(2-27)所示:

$$F_2(t) = \frac{n_{blog} + 5}{3(n_{blog} + 1)} \int_0^{8+2\frac{16}{n_{blog}+1}} \left(8 + 2\frac{16}{n_{blog} + 1} - t \right) \cdot \frac{dt}{8 + 2\dfrac{16}{n_{blog} + 1}}$$

$$= \frac{4(n_{blog} + 5)^2}{3(n_{blog} + 1)^2} \tag{2-27}$$

则通过微博获取信息的平均延迟时间计算式 $F(t)$ 可由式(2-28)算得：

$$F(t) = F_1(t) + F_2(t) = \frac{16(n_{blog} - 1)^2}{3(n_{blog} + 1)^2} + \frac{4(n_{blog} + 5)^2}{3(n_{blog} + 1)^2}$$

$$= \frac{4\left[(n_{blog} + 7)^2 - 28\right]}{3(n_{blog} + 1)^2} \tag{2-28}$$

综上所述，微博平均延迟时间 T_{blog} 可表示为式(2-29)：

$$T_{blog} = \begin{cases} \dfrac{12}{n_{blog}}, & n_{blog} < 1 \\[4mm] \dfrac{4\left[(n_{blog} + 7)^2 - 28\right]}{3(n_{blog} + 1)^2}, & n_{blog} \geq 1 \end{cases} \tag{2-29}$$

2.4.3　新媒体信息传播模拟

（1）微博

图 2.20 为不同群体下微博信息发布情况（不考虑政府参与），所有数据均来自调查问卷真实数据，传播规模设置为 2500 万人。

图 2.20(a)为不同年龄段下微博接收情况。年轻组别（16～35 岁）是微博信息传播能力最强的群体。由黑色实线及黑色虚线可以看出，年轻组别传播初期的速度局限较小，说明对于年轻群体，微博传播在灾害下是一种很好的信息传播方式。随着年龄的增长，微博信息传播效率逐渐降低，这是由超过 36 岁群体的微博使用率较低，微博使用者的使用频次较低，粉丝及关注数较少造成的。灰色实线为 36～45 岁群体，通过对传播初期的速度局限进行分析可发现，1600 min 后，信息相信者数量才呈现快速上升趋势。而46～55 岁群体，在 9600 min 即 160 h 后，信息接收者数量都没有明显上升。

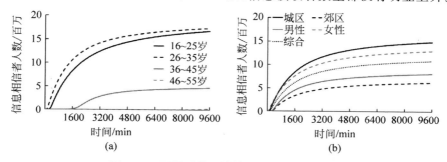

图 2.20　不同群体下微博信息传播情况分析

（a）不同年龄段；（b）不同地域、性别

通过对不同年龄组微博信息传播情况分析可知,微博在年轻人中的传播效率远高于中老年群体。灾害下微博信息传播更有利于年轻群体的信息获取。

图 2.20(b)为不同地域、性别群体微博信息传播情况。曲线显示,城区微博信息接收效率大幅高于郊区,为郊区的两倍以上。同网站相似,该结果由城区的网络覆盖率高,智能手机使用多,微博使用率高造成。女性微博接收情况优于男性,说明女性的微博开通率及使用频率较男性较高。但是相比地域的影响,性别相对影响较小。综合图 2.20(a)和图 2.20(b),各影响因素对微博的影响力度从强到弱的排序顺序应为年龄、地域、性别。灾害中进行灾害信息传播时,应该充分考虑这些因素。

图 2.21 为不同微博可信度对灾害信息传播的影响,可见可信度对微博传播的影响比较大。黑色虚线表示 20% 可信度下的灾害信息传播情况。当可信度为 20% 时,近 720 min(12 h)信息传播才能摆脱前期的速度束缚,开始快速增加。一天(1440 min)后,信息相信者人数将近 2000 万。当可信度上升至 40% 时,信息传播速度骤然增加,前期速度限制时间从 20% 下的 700 min 提升至 200 min,提升了 3.5 倍。而之后随着可信度的不断增加,信息传播效率稳步上升。故通过微博的信息传播,当可信度为 20%~40% 时,可信度对信息传播的影响较大。若可信度低于 20%,则信息有很大概率不能突破初期障碍,从而无法正常传播。所以在灾害下,如果想利用微博进行灾害信息传播,则应尽量保证微博可信度高于 40%。而由于微博粉丝数量众多,当信息携带者达到一定数量时,可信度对信息传播效率的影响会降低,故政府可根据可信度具体影响制订相应计划。

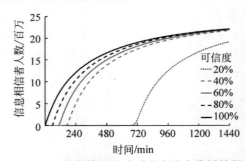

图 2.21 不同微博可信度对灾害信息传播的影响

（2）微信

由于微信使用情况没有在调查问卷中给出,故本节关于微信的信息传播分析仅限于可信度对信息传播的影响。图 2.22 为不同微信可信度对灾害信息传播的影响。

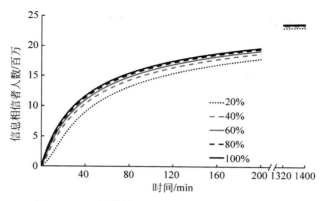

图 2.22　不同微信可信度对灾害信息传播的影响

由图 2.22 可见,可信度对微信传播的影响并不是很大。黑色虚线表示 20％可信度下的灾害信息传播情况。随着可信度的上升,信息传播效率不断增加,但上升速度越来越缓慢。当可信度从 20％增至 40％时,信息传播速度相信者数量提升比例与可信度从 40％增至 100％时的比例是一样的,这也恰恰说明了可信度提升越大,信息效率增加越不明显。但是从传播初期的情况看,较高的可信度能大大减缓初期的传播延迟问题。一天(1440 min)后,信息相信者数量基本平稳,相差不大。而上述特征是由微信使用者使用频率较高,转发人数(及平均微信朋友)较多造成的。故通过微信的初期信息传播速度限制并不明显。综上所述,在灾害信息传播过程中,不用追求过高的微信传播可信度。

(3)邮件

图 2.23 为不同群体下灾害信息通过邮件传播的情况分析(不考虑政府参与),所有数据均来自调查问卷,规模设置为 2500 万人。图 2.23(a)为不同年龄段的邮件接收情况。同样地,信息接收随年龄分布的特征与前几个信息传播媒介较为相似,年轻组别(16～35 岁)依旧是传播能力最强的群体。由于工作需要,年轻人使用邮箱比例高,每天登录邮箱的次数较年长者都更高,故有比年长者更强的邮件信息传播能力。随后是 46～55 岁群体,传播速度最慢的是 36～45 岁群体。

图 2.23(b)为不同地域、性别对邮件的信息传播影响,由图可看出,地域对短信传播的影响较大,黑色实线代表城区,由于城区人口的邮件使用率较高,并且使用频率较大,故邮件传播的效率远高于郊区。而性别对邮件信息传播的影响基本可以忽略。说明男性与女性在邮件使用方面差异很小。

对综合曲线进行分析（黑色虚线）发现，基于邮件的信息传播与短信、电话相似，也呈现逻辑斯特曲线特征。即刚开始由于前期的信息携带者数量较少，转发人数有限，信息传播速度较慢；当有一定人数知道灾害信息后，根据邮件的一对多传播规律，在信息携带者多达一定数量后，传播速度大幅增长，最终逐渐平缓。但是综合来看，邮件的信息传播速度相对较慢。12 h 后，将近 2900 人收到并相信消息；1 天后，信息相信者数量骤增至 154 万人；两天后，增至 1232 万人；将近 3 天时，信息相信者的数量达到最终人数的 95％以上。而这些数据说明邮件的传播速度较慢，不适合在需要快速传播灾害信息的情况下使用。

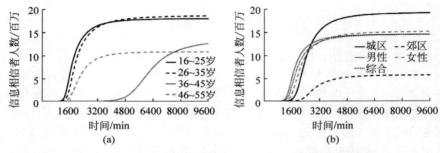

图 2.23　不同群体下灾害信息通过邮件传播的情况分析

（a）不同年龄段；（b）不同地域、性别

由于传播速度的限制，邮件不适合灾害下信息传播，故本研究将不针对不同可信度下的邮件传播情况进行分析。

2.5　考虑政府参与的社交媒体信息传播

在灾害发生前或发生中，政府及相关部门可能会对灾害信息进行传播。而政府及相关部门如果能及时参与到信息发布中来，相比只由群众本身进行信息传播，可以大大提高信息传播效率。这是因为政府和相关部门的信息往往能在第一时间由一对多的方式向广大群众大范围发出，从而达到一次性覆盖更多大众的目标。但是在正常灾害下的信息传播中，由于基站承载量限制等因素，政府及相关部门的信息很难覆盖到受灾区域中的每一个人。短信、邮件、微博及微信可以同时被政府、相关部门及普通群众同时运用。所以本节中以该传播途径作为研究对象进行不同政府信息覆盖率下的信息传播分析。本研究选择中关村地区作为研究区域（具体参照 4.2 节），人口规模为 36.5 万人。

图 2.24 显示了不同政府发布信息覆盖率下的信息传播情况,这里主要以短信、邮件、微信和微博 4 种传播媒介为例。其中黑色实线表示完全没有政府与相关部门参与时的信息传播情况,此时政府发布信息覆盖率为 0;黑色点虚线表示 100% 政府信息覆盖率下的居民信息获取情况,即信息可第一时间传播给所有人。总体来说,在没有政府及相关部门参与的情况下,初期的信息传播需要花费很长的时间,但是随着政府发布信息覆盖率的增加,信息传播速度会不断增快。

图 2.24(a)为不同政府发布信息覆盖率下短信信息传播的情况。由于短信是大家在生活中最常使用的通信方式之一,并且具有声音或振动等提醒功能,因此能够大大缩小使用者接收信息的延迟时间。在 100% 政府发布信息覆盖率的情况下,大多数居民能在第一时间收到信息,而较少数居民也能在接下来的时间内尽快获取消息。黑色实线反映了 100% 覆盖率下的信息传播情况,在 13 min 后,受灾区域中超过 90% 的人可以获取到信息。而随着覆盖率的下降,受灾群众获取信息的速度不断降低,在 20% 覆盖率下,超过 90% 的人获取信息时间升至 19 min;1% 覆盖率下,需要 26 min;0.01% 覆盖率时,需要 37 min;而 0 覆盖率的情况下需要 51 min。通过 4 幅图片的比较可以发现,短信对政府发布信息覆盖率的敏感度最弱,当政府发布信息覆盖率从 0 增加至 0.01% 时,通过短信的信息传播速度提高幅度最小。这是由于使用者转发短信的能力相对较强,0.01% 的信息携带者可在很短时间内大量转发信息,从而使信息携带者数量骤增。

图 2.24(b)为不同政府发布信息覆盖率下的邮件信息传播情况。由于邮件的使用率不高,而且传播速度相对较慢,在 10 000 min 后才能覆盖研究区域中不到 20 万的人口,大约为总人数的 50%。通过数据分析,100% 政府发布信息覆盖率下,90% 受灾者获取到信息的时间为 2248 min,20% 覆盖率下需要 2808 min,1% 覆盖率下需要 3264 min,0.01% 覆盖率下需要 3780 min,而 0 政府覆盖率的情况下则要超过 10 000 min。所以在邮件信息传播中,当政府发布信息覆盖率从 0 增加到 0.01% 时,其传播速度会有非常显著的增加,说明人际间邮件传播能力较差,这是由邮件使用量较少,频率较低造成的。如果一个人在某个时刻错过通过邮件获取信息的机会,则会经过非常长的时间才能有获取下一次信息的机会。但由于邮件的转发量很大,如果能在开始时通知到少量的邮件使用者,则信息可快速大规模传播。所以从图 2.24(b)中可以看出,在 0.01% 覆盖率后继续提升政府发布信息的覆盖率,对信息传播速度的影响会越来越小。

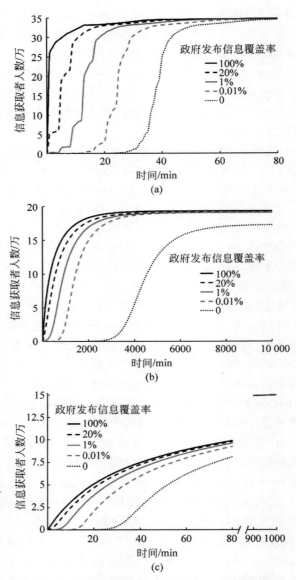

图 2.24　不同政府发布信息覆盖率下的信息传播情况

（a）短信；（b）邮件；（c）微信；（d）微博

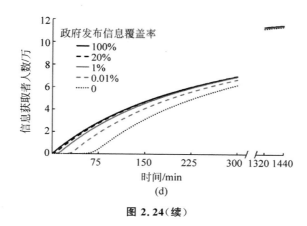

图 2.24(续)

图 2.24(c)为不同政府发布信息覆盖率下的微信信息传播情况。虽然微信使用率不及邮件，但是使用者频繁的使用次数以及很强的转发能力让微信有着较快的信息传播速度。信息发布后约 1000 min，研究区域灾害信息大约能覆盖将近 15 万人。在 100% 政府发布信息覆盖率的情况下，需要533 min 才能让超过 90% 的受灾者获取到信息。20% 覆盖率下为 536 min，1% 情况下为 540 min，0.01% 情况下为 547 min，而 0 覆盖率的情况下则需要 567 min。与其他传播途径相比，可以看出通过微信的政府发布信息覆盖率对达到 90% 以上受灾者获取到信息的时间影响不大，这是因为该值由微信使用频率较低的人决定。但是政府信息覆盖率对初期传播速度的影响很大。0.01% 覆盖率的情况下，初始信息发布速度为 0 覆盖率的近两倍。所以在微信传播中，政府发布信息覆盖率主要影响初期的人员信息获取速度。

图 2.24(d)为不同政府发布信息覆盖率下的微博信息传播情况，其与微信传播情况类似，且在传播后期，各政府发布信息覆盖率下的人员信息接收数量相差不大。政府信息覆盖率对微博初期传播速度的影响虽然很大，但是与微信相比，影响力相对较小，这是微博的转发人数极大导致的，而根据统计调查，微博用户的平均粉丝数将近 300 个，而某些大影响力用户粉丝数上万，这也大大促进了微博的信息传播速度。但是微博的弊端在于：第一，使用者使用频率较低；第二，信息获取后无提醒，导致延迟时间较大。综上所述，政府通过微博进行信息发布也能较好地提升传播速度，但是覆盖率过高，对信息传播效能的影响变小。

2.6　本 章 小 结

　　本章主要针对电视、收音机、报纸、网站、电话、短信、微博、微信和邮件这 9 种社交媒体进行了灾害下信息传播分析。根据信息传播原理的不同，上述媒体被分为大众媒体、手机媒体及新媒体。针对不同类型媒体的传播特征，建立了基于传播原理的信息传播过程，并利用计算机进行模拟。根据模拟结果，建立相应数学模型，大幅减少了计算时间，并能够基本保持精度，达到灾害下实时模拟的目的。

　　模拟中考虑了各媒体的使用频率、使用时间、媒体可信度及受灾人员信息转发情况等因素。通过 370 份北京市信息传播媒介使用情况调查问卷的数据（见附录），按年龄、性别及居住地域，分析了 9 种社交媒体在不同群体下的传播情况。同时也分析了不同可信度对各媒体信息传播的影响。

　　根据模拟结果发现，大龄群体组（46～55 岁）对电视的信息接收效率在所有年龄组别中最高，且郊区高于城区，说明通过电视的灾害信息发布方式更适合郊区及大龄群体获取信息。并且根据不同信息发布时间分析发现，在 4 时间段中，18 时信息发布的接收效率最高，0 时发布的接收效率最低。而通过收音机的信息传播曲线可知，年龄对信息接收情况的影响力与电视相似，但地域及性别的影响基本可以忽略。不同于其他媒体，收音机在早晨 6 时时进行信息发布的接收效率最高。新闻网站更可看作属于年轻人的信息获取方式，年轻人通过网站的信息获取能力远高于年龄较高的组别，并且具有城区远高于郊区的特征，同时女性也稍高于男性。通过对中国网民上网时间的分布进行调查发现，6—12 时发布信息获取速率较快。报纸的传播特征与网站基本一致，但年龄影响比网站要小一些。在手机媒介中，年轻群体也比年长群体具有更强的传播能力，且城区高于郊区。由于手机电话的信息转发个数较少，因此较低的可信度会严重影响信息传播速度，甚至会阻碍信息的传播。在新媒体中，微博、微信、邮件基本具有相同的特征，除了年龄特征与网站、电话、短信一致外，均具有城区高于郊区，女性高于男性的特征。

　　通过对上述 9 种社交媒体的信息传播原理进行研究，本书模拟出了较为精确的信息获取情况，并利用数学模型将之表示出来。该模型与所得结果可以有效帮助政府建立不同突发事件下的信息传播方案，从而尽快地将灾害预警信息、疏散决策信息传播给受灾群众，以达到减少人员伤亡，降低经济损失的目的。

第3章 人际间接触式灾害信息 传播模型研究

3.1 概　　述

本章主要针对基于物理渠道的信息传播方法——人际间口头交流及通过听觉、视觉的信息自获取两种方式进行突发事件下信息传播分析。上述两种方法主要针对人际间信息传播。在人际间口头信息传播过程中，信息传播者主动将灾害信息告知其他信息受众，而在人际间信息自获取的研究中，信息传播者由于处于信息获取时间紧迫和亟须实施疏散等情况中，导致其没有足够的时间将灾害信息传播给其他承灾者。故在此情况下，其他信息未知群体需要通过自己的判断（视觉或听觉）获取信息。

人际间口头传播主要考虑了口头传播可信度、人的平均传播人数、人口密度3个影响因素；人际间信息自获取研究考虑了12个因素：人的平均高度、疏散者的平均疏散速度、人的视力、人对疏散者的好奇心、疏散中的呼喊情况、人相信信息的概率、房间中窗户的尺寸与位置、楼房的层高、环境本底声音、由房间门板导致的声音衰减、由楼层间隔板导致的声音衰减以及初始信息获取数量。本研究分析了楼内的信息自获取与人员疏散情况、门的开关状态及疏散者呼喊情况、楼层间隔板导致的不同声音衰减度、不同环境本底声音、不同初始信息携带者数量、不同人员好奇心阈值以及不同信息相信概率对信息获取的影响。

3.2　基于人员密度分布的口头信息传播模型研究

3.2.1　口头信息传播过程分析

人际间口头传播在信息传播中的运用范围最为广泛。人们在日常交流中，无论彼此认识与否，都可以利用口头交流的方式进行信息传达。所以口头交流是最普遍、最常用且便捷的信息传播方式。但是距离是口头传播的最大限制因素。由于口头传播基于声音的传递,而空气中声音的衰减很大,故口头交流只能在有限范围内进行信息传播。由于传播距离的局限,导致人口密度对灾害信息通过人际间口头传播效率的影响大幅增加,成为对口头信息传播效率影响最大的因子。本章的研究区域与第 2 章一样为北京市,城中心的人口密度最高,随着与城中心距离的增加,人口密度会逐渐衰减。

根据 2010 年北京市人口统计年鉴[75],可以以天安门广场为圆心,将北京市划分为 16 个同心圆。在最中心的城市区域(最中心一环)人口密度达到 23 000 人/km^2,而最外圈(第 16 环)中的人口密度仅为 200 人/km^2,相差了 115 倍。如此巨大的差距也导致口头传播在城市区域的信息传播速度要远大于郊区。考虑到市区、郊区的人口密度具有极大的不均匀性,初始信息发布者的位置对信息传播速度的影响巨大,所以本研究利用蒙特卡罗方法对口头信息传播情况进行模拟。

3.2.2 口头信息传播模型

日本学者 Katada 对突发事件下人员的口头传播过程开展了相关实验,发现在灾害下,信息相信者平均会将灾害信息传播给以自己为圆心,半径 90 m 以内的 3.87 人。而在这 3.87 人中,79% 的人在距传播者半径 30 m 范围内;14.6% 的人在半径 30~60 m 的范围内;而 6.4% 的人在半径 60~90 m 的范围内[76]。由于本研究在计算机模拟过程中利用了方形网格进行计算,故根据上述文献实验数据,将每个网格定义为 30 m×30 m。

图 3.1 为依据上述实验结论的口头信息传播原理网格。网纹、灰色、黑色部分分别为距离信息传播者 30 m 以内、30~60 m 及 60~90 m 的区域。根据上述实验数据可以知道,网纹网格有 4 个,每个网纹网格被传播到的平均人数 $N_1 = 3.87 \times 0.79 \div 4 = 0.7643$ 人;灰色网格有 8 个,每个灰色网格被传播到的平均人数 $N_2 = 3.87 \times 0.146 \div 8 = 0.0706$ 人;黑色网格有 12 个,每个黑色网格被传播到的平均人数 $N_3 = 3.87 \times 0.064 \div 12 = 0.0206$ 人。由于北京市人口密度较大,而口头传播有距离性限制,因此本研究中假定若某个网格中有人知道灾害信息,则默认该网格中所有人都知道灾害信息,即将人际间的口头传播过程转化为网格间的口头传播过程。

北京市在传播模拟中被分为了 30 m×30 m 的网格,总网格数超过 2000 万。根据上述传播原理,对灾害信息的口头传播过程进行了分析。在模拟中,定义时间步长为 1 min,即信息通过一个网格传播至另一个网格至

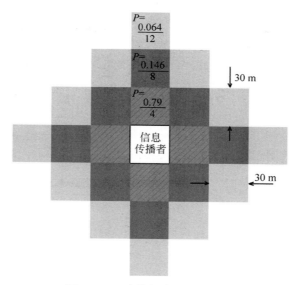

图 3.1　口头信息传播原理网格

少需要 1 min 时间。最后,考虑口头信息传播可信度,本书对不同可信度下
的口头信息传播过程进行了分析。

3.2.3　口头信息传播模拟

　　本模拟以北京市为例,规模设置为 2500 万人,主要考虑口头信息可信
度、平均每人传播人数和人口密度 3 个影响因素。第一,本研究考虑了城区
及郊区不同人口密度下,信息通过口头传播的情况变化;第二,本研究探究
了不同传播人数(网格数)对口头传播的影响,这里设置了每个传播者可以
对周围 90 m 内的 24 个网格中的 3 个、4 个或 5 个网格进行传播;第三,由
于口头传播可信度较低,本节还研究了不同可信度(60%、70%、80%、90%、
100%)对信息传播的影响。

　　图 3.2 为不同地域、不同传播范围、不同可信度下灾害信息口头传播情
况。首先分析不同可信度对灾害信息口头传播情况的影响。通过对灰色点
虚线(60%)、灰色实线(70%)、黑色点画线(80%)、黑色虚线(90%)及黑色
实线(100%)的分析可以发现,随着可信度的增加,信息传播效率越来越高,
但是增幅会随着可信度的上升而下降。模拟数据显示,当可信度低于 40%
时,由于口头传播的人数较少,信息很可能会遇到传播障碍而无法成功扩散

开。并且通过对最终信息相信者数量进行分析可以发现,60％可信度情况下,近 1700 万人变为信息相信者;70％可信度情况下,相信者数量升至 1900 万,而当可信度升至 100％时,相信者数量达到 21 万。与第 2 章提到的社交媒体相比,在口头传播中,可信度对最终信息相信者数量的影响要远大于在社交媒体中的影响。这是因为口头传播的人数较少,并且具有距离限制,一次传播过后,如果信息再被传入该范围,则人们容易失去对信息继续传递的兴趣,从而导致很多人在没有选择相信信息后,第二次再接触该信息的概率会相对较低,从而导致最终的信息相信者数量较少。

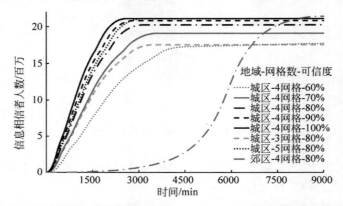

图 3.2　不同地域、不同传播范围及不同可信度下的灾害信息口头传播情况

对平均传播网格(人数)对口头灾害信息传播的影响进行分析。灰色空心虚线表示平均每个信息传播者会将信息传播至周围 24 格中的 3 个网格,黑色点虚线表示会传播给 5 个网格,而其他曲线则表示为传播给 4 个网格。通过分析可以发现,随着平均传播人数的增加,信息传播速率增加较快,但是传播网格数由 3 增至 4 对信息传播效率的影响要远大于由 4 增至 5 带来的影响。说明继续增加平均传播网格数,对整体信息获取效率的影响意义不大。结合可信度,灰色空心虚线低于灰色实线,说明传播者平均传播人数从 4 降至 3 比可信度从 70％增加至 80％造成的影响更大,这也反映出两影响因素间的影响力大小关系。由于平均信息传播网格增加,导致每个人平均接收到信息的次数会相应增加,所以最终信息相信者人数也会随着平均传播网格数的增加而增加。

而考虑到人口密度对口头信息传播的影响较大,本书对城区及郊区的口头信息传播过程进行了分析。图 3.2 中灰色点虚线为郊区传播,黑色点画线为城区传播。可见灾害信息在郊区的口头传播速度要远低于城区,而这是由人口密度的差异所致。数据显示出在 7500 min 过后,郊区传播信息相信者数量会超过城区,这是由于在遗漏的网格数相同的情况下,郊区人口密度较低,每个网格拥有的人数较少,所以最终信息获取人数会较多。

3.3　信息传播模型在谣言扩散中的应用

谣言被定义为具有不确定性与重要性两种属性[77-78],没有得到官方的认证就发出来的一种信息,并且往往会对社会产生负面影响[79]。通常在大灾害中,谣言很容易产生,而此时产生的谣言也更容易对个人安全及社会稳定造成很大的负面影响。例如,2010 年匈牙利红河洪水,一个"泥巴中含有放射性物质"的谣言,让当地居民产生了很大的心理阴影[80];欧洲在过去 30 年,一系列生活中常见的食物被冠上有毒且致癌的头衔,引起了不必要的公众恐慌[81];"3·11"日本大地震导致的核泄漏,我国传出吃碘盐可有效防辐射的谣言,导致中国大量居民盲目购买碘盐,以致碘盐脱销[82]。新浪网在"3·11"日本大地震之后,做了一个关于灾害中谣言的调查[83]。调查结果显示超过 80% 的人是通过口头、网站、微博、电话及短信获取到谣言的,而在所有传播渠道中,口头传播为谣言传播最主要的形式,占近36%。故本研究以口头传播为主,网站、微博及电话信息传播为辅,研究了谣言在城市中的扩散情况。

目前谣言扩散模型较多,有源于 SIR 传染病模型[84]建立起来的 SIS 模型[85]和 SIHR 模型[86],也有一些基于社会网络[87]和 BA 网络[88]的模型,同时也有一些其他著名模型,如小世界模型[89]、D-K 模型[90]、Potts 模型[91]及元胞自动机模型[92]等。

3.3.1　八状态 ICSAR 谣言扩散模型简述

目前基于传染病模型的 SIR 模型仅基于一种信息,并且人员状态只包括信息未知者、传播者以及移出者 3 种状态。但是在真实情况下,信息往往不止 1 种,如在谣言、辟谣信息同时传播的情况下,就不能利用简单的 SIR 模型进行计算。另外,在很多情况下,并不是所有获取到信息的人都会传播信息,他们可能只持有信息,并不对信息进行传播。所以单纯的 3 种状态不能满足更多情况。而本研究提出的八状态 ICSAR(ignorance, carrier, spreader, advocate, removal)模型可以考虑到信息持有者及信息传播者等多种状态,从而更加精确地对信息传播进行模拟。

本章基于 SIR 传染病模型建立了八状态 ICSAR 谣言扩散模型,利用口头传播过程,对北京市的谣言扩散进行了模拟,并计算了谣言扩散风险。八状态 ICSAR 谣言传播模型中的八状态分别如下。

(1) I(ignorance),信息无知者。表示还没有获取到相关信息的人。

(2) IR(ignorant removal),信息无知移出者。表示没有获取到相关信息,并且对信息完全不感兴趣的群体。由于他们对信息完全不感兴趣,所以计算中不考虑此类群体的信息获取情况。

(3) RC(rumor carrier),谣言携带者。表示该人已经获取并相信谣言,但是由于某些原因,不对谣言进行传播。

(4) RS(rumor spreader),谣言传播者。表示已经相信谣言同时也会传播谣言的人,这类人往往是谣言扩散的关键因素。

(5) RA(rumor advocate),谣言提倡者。表示已经对谣言深信不疑的人。在模拟过程中,一旦变成谣言提倡者,其状态就不会再变化,并且谣言提倡者进行谣言传播时,因为他们往往都有充分的说服理由,故对人的影响更大。

(6) TC(truth carrier),辟谣信息携带者。表示该人已经知道谣言的实际情况,了解辟谣信息的真实性,不相信谣言,但同时由于某些原因,不会主动将辟谣信息传播给他人。

(7) TS(truth spreader),辟谣信息传播者。表示此人已经知道谣言的真实性,并会将辟谣信息主动传播给其他人。谣言传播过程中,这类人往往决定了谣言扩散的总时间与规模。

(8) TA(truth advocate),辟谣信息提倡者。表示已经非常确定谣言是错误的,辟谣信息是真实的。如同谣言提倡者一样,一旦变成辟谣信息提倡者,其状态就不会再进行变化。并且此类人由于对辟谣信息拥有更多的证据与理解,在信息传播过程中对其他人的影响程度会更大。

上述对八状态 ICSAR 模型的 8 个状态进行了介绍与功能分析,但是在谣言及辟谣信息传播过程中,很多因素会共同影响信息接收情况。3.3.2 节将对各影响因素进行介绍与分析。

3.3.2   谣言扩散模型参数设置与分析

在谣言扩散过程中,很多因素共同决定扩散的时间、速度和规模等特性。本研究主要考虑了信息吸引度、谣言客观可识别度[93]、人员主观判断力(会受到个人属性的影响,如年龄、性别、地域等)、信息媒介可信度、信息转发概率、增强系数、阻碍系数、专家影响等 12 个影响因素。各因素对谣言整体扩散与传播的影响也都体现出不同特征。下面将对不同影响因素进行详细介绍与功能分析。

(1) 信息吸引度(information attraction, A)

信息吸引度表示该谣言对信息受众的影响力强度,这与谣言的具体内容以及该谣言的呈现形式有关[94]。本书用字母 A 来表示信息吸引度。根据谣言吸引度的定义,式(3-1)可以表示对谣言吸引度的计算:

$$A = R \times I \tag{3-1}$$

其中,R 为信息覆盖率,表示在研究区域内该谣言涉及的范围;I 表示该谣言若是真实的,后果的严重程度。下面通过例子分析信息覆盖率(R)以及后果严重程度(I)对谣言吸引度的影响。这里用 A 表示关注谣言的人的总比例。

图 3.3 为谣言吸引度的分级情况。根据不同的信息覆盖率以及后果严重程度,谣言吸引度被分为 4 个象限,共 3 级,其中每个象限中给出相应示例。其中 I 级为谣言吸引度最高的级别,此类谣言信息覆盖范围较大,后果严重程度较高。图 3.3 中右上和左下部分定义为 II 级谣言吸引度,此类谣言可能覆盖范围广但是后果不严重或后果严重但是覆盖范围较小;右下部分定义为 III 级谣言吸引度,此类谣言不仅覆盖的人数较少,并且后果严重程度较低,故可以忽略。

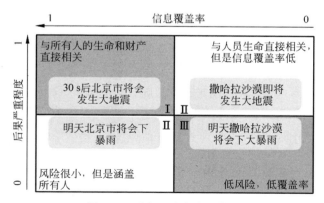

图 3.3　谣言吸引度分级情况

(2) 信息客观可识别度(objective identification of information, ε)

本研究中的信息客观可识别度涉及两类信息:谣言和辟谣信息。谣言客观可识别度表示该谣言被信息携带者识别的难易程度。根据研究发现，在谣言听上去貌似真实，并且不能轻易证明其对错的情况下，人们更容易相信此谣言[95]。在本研究中，定义最坏的情况即所有信息携带者都无法判断出谣言的真伪性时，谣言客观可识别度 ε 为 0。相反，当 ε 为 1 时，表示所有人都可以识别出谣言的真伪，即通过简单的常识就可以判断出谣言的真假。表 3.1 为本书对谣言客观可识别度的等级划分。

表 3.1　谣言客观可识别度等级划分

级　别	描　　述
1	与事实完全相反，并且没有任何科学依据作为支撑
2	与事实完全相反，但是有一定的科学依据作为支撑
3	在事实上进行夸张，但是没有任何科学依据作为支撑
4	在事实上进行夸张，并且有一定的科学依据作为支撑

级别为 1 的谣言最容易被识别，即该谣言与事实完全相反，并且没有任何科学依据作为支撑。而 4 级谣言最不容易被识别，即该谣言只是对事实进行夸张，并且有一定的科学依据作为支撑（从 1 级到 4 级，ε 逐渐减小）。如在 2011 年福岛核电站泄漏导致中国人民蜂拥抢盐的事件中，有谣言认为吃碘盐可以达到防核辐射的目的。这种说法对事实进行了极大的夸张，并且该谣言通过"科学"解释促进大家相信谣言的真实性，从而很好地达到了迷惑的目的。该谣言覆盖人群较广，并且后果较为严重，所以成了中国近些年来著名的谣言之一。在现实中，谣言普遍存在。政府及相关机构应在谣言扩散期进行强力的辟谣，从而提升谣言客观可识别度，减缓谣言的扩散，降低其危害。

上述是对谣言客观可识别度的相关介绍，由于还需要考虑辟谣信息可识别度，故在本研究中，ε_1 表示谣言客观可识别度，ε_2 表示辟谣信息客观可识别度。这里对辟谣信息可识别度不多做介绍，参照谣言客观可识别度即可。对于谣言，ε_1 越大越容易被识别，而对于辟谣信息，ε_2 越小越容易被识别。

（3）人员主观判断力（subjective identification of people，S）

对于相同一条谣言，不同的人有不同的看法和见解，从而导致对谣言的相信概率不同。而人员主观判断力会根据年龄、受教育水平和性别的变化而变化[96]。主观判断力强的人更容易识别谣言，而主观判断力弱的人只有在外界辟谣信息多且说服力强的情况下，加大其主观判断力，才能帮助其对谣言进行较好的识别[97]。本研究中，人员主观判断力 S 定义为年龄 A、受

教育水平 E 与性别 G 的函数,如式(3-2)所示:

$$S = f(A, E, G) \tag{3-2}$$

S 为 1 说明人的主观判断力极强,可以识别所有的谣言,而 S 为 0 说明该人毫无主观判断力。

通过对 370 份调查问卷进行分析(见附录),本书收集了年龄、性别、受教育程度与谣言传播及相信概率的数据。问卷中使用了 3 个国内较为著名的谣言作为测试案例,包括 2011 年福岛核泄漏导致的抢盐事件、2008 年通过羊肉串传播艾滋病的事件以及 2008 年芦柑长蛆虫事件。基于统计数据,对不同群体中的人员主观判断力进行了计算。通过分析不同年龄组别的统计数据,以 16～25 岁组别为例(见式(3-3)),可以得到该组别对主观判断力的影响系数。

$$C_A(16 \sim 25) = \sum_{i=1}^{n} \frac{P_{\text{group}(i)}(\text{rumor})}{P_{16 \sim 25}(\text{rumor})} \cdot P(\text{group}(i)) \tag{3-3}$$

其中,$C_A(16 \sim 25)$ 为 16～25 岁组别的年龄影响系数; $P_{\text{group}(i)}(\text{rumor})$ 为组 i 中对谣言的平均相信概率; $P_{16 \sim 25}(\text{rumor})$ 表示 16～25 岁组别对谣言的平均相信概率, $P(\text{group}(i))$ 为真实情况下组别 i 中人数占总人数的比例。

其他年龄组以及受教育程度、性别组的影响系数计算也可以通过相同方式得到。经过计算,不同影响因子的影响系数由表 3.2 列出。

表 3.2　年龄、受教育程度、性别对人员主观判断力影响系数

C_A	16～25 岁	26～35 岁	36～45 岁	46～55 岁	55 岁以上
	1.085	1.256	0.928	0.976	0.756
C_E	文盲	小学	初中	高中	大学本科及以上
	0.724	0.885	1.039	1.115	1.237
C_G	男性			女性	
	1.052			0.948	

（4）信息媒体的可信度（P_b）

可信度表示信息媒介使用者相信该信息媒介传播出的信息的概率,不同信息媒介有不同的可信度。较低的媒体可信度会让使用者不相信该媒体发出的消息,即使该媒体发出了正确的信息,也不会被广大群众接受。然而,高媒体可信度也不能说明高信息传播能力。所以,如何使用具有不同特征的信息传播媒介达到阻碍谣言传播的目的是关键问题。

（5）信息转发概率（P_s）

本研究中的信息转发概率表示在所有的信息携带者中,信息转发者的

比例(这个参数与聚集系数有关),在真实情况中,加强每个人的关系会有助于提高信息转发的概率与次数,能达到有效阻止谣言继续大规模蔓延的目的[98]。较高的信息转发概率虽然会使谣言传播以指数形式快速增长,但是在辟谣过程中,能同样快速地抑制谣言的传播。

(6) 加强系数(c_1)

通常情况下,由于信息传播者不仅知道信息,且愿意将信息传播给他人,因此说明信息传播者往往比信息携带者具有更强的信息相信程度,而增强系数(本研究用 c_1 表示)就反映了信息传播者与信息携带者之间对信息坚信程度的差异。c_1 为 1 说明信息传播者与信息携带者具有相同的信息相信程度,c_1 大于 1 说明信息传播者对信息的相信程度更强,强度为信息携带者的 c_1 倍。

(7) 阻碍系数(r)

当信息不同时,与从他人处获取的信息相比,人们更愿意相信自己已知的信息。本研究用阻碍系数表示人们更愿意相信自己信息的程度。阻碍系数越大,表示信息携带者越不愿意接受他人传播的不同信息的程度。

(8) 专家影响(x)

专家具有权威性,专家的指导意见会大大影响群众的判断[99]。在辟谣过程中,官方的权威信息是抑制谣言继续大规模扩散的关键。然而,专家影响不仅限于官方辟谣专家,对于那些谣言提倡者(RA),他们也具有很强的说服力,能够让持有不同信息的人相信他们,变成谣言携带者。所以在本研究中,将谣言提倡者(RA)与辟谣信息提倡者(TA)看作专家,并赋予他们更强的说服能力,本研究中,定义他们具有专家影响 x(x 为 1 说明无专家影响;x 大于 1 说明专家说服力为普通人的 x 倍)。

(9) 信息传播率(Ra)

信息传播率描述信息传播者在不同场所主动传播信息的欲望值。本章中主要考虑了地铁、公交车、出租车、办公室以及家庭共 5 个场所。在不同的公共场所下,信息携带者主动传播信息的概率是不一样的。亲密度越大时,传播信息的概率也越大。以上 9 个影响因素主要与谣言传播相关,下面对 3 个辟谣信息传播影响因素进行分析。图 3.4 为政府官方辟谣对谣言传播的影响。此处谣言扩散被分为 5 个阶段:谣言孕育、谣言发生、谣言扩散、谣言衰减、谣言消失。由于谣言在孕育时期很难被察觉,故辟谣的重要阶段往往是谣言发生时期至谣言衰减时期。政府及相关部门可以通过提高谣言监控能力以及延长辟谣时间来达到降低谣言扩散规模的目的。同时,政府及有关部门在谣言扩散期应该加强对谣言的科普教育,并组织更多专家对谣言进行解读,从而达到提升人员主观判断力的目的,降低谣言扩散规模以及下次类似谣言孕育的可能性。所以政府官方辟谣在谣言传播的过程中能起到很大作用。本书利用政府辟谣信息发布阈值、政府辟谣信息覆盖率以及辟谣信息发布频率共 3 个因素来衡量政府辟谣的力度,下面将对 3 个影响因子进行详细介绍。

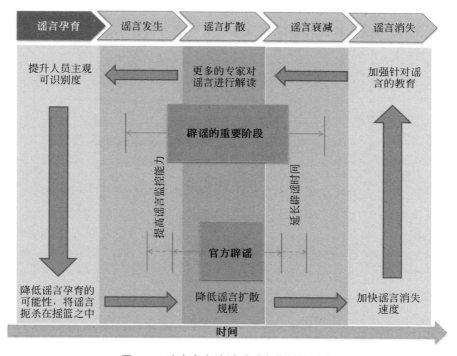

图 3.4　政府官方辟谣对谣言传播的影响

(10) 政府辟谣信息发布阈值(T_G)

当政府监测到谣言,并且谣言的规模达到一定程度时,政府会进行辟谣。这里将谣言达到的规模程度称为辟谣信息发布阈值。阈值越小,说明政府辟谣信息发布时间越早,越能抑制谣言的传播。

(11) 政府辟谣信息覆盖率(C_R)

政府辟谣信息覆盖率为政府能将辟谣信息直接传播到的人数比例(C_R 为 0.5 说明有一半的人可以获取到政府的辟谣信息)。

（12）辟谣信息发布频率（F）

辟谣信息发布频率为政府发布辟谣信息的频率，本书中定义的单位为次/d。

最后，对谣言扩散及辟谣过程中各状态间的转变率进行定义，具体定义如下：

α_1，信息无知者到辟谣信息携带者的转变速率。

α_2，信息无知者到谣言携带者的转变速率。

δ，辟谣/谣言携带者到谣言/辟谣信息携带者的转变速率。

μ，信息传播者到信息携带者的转变速率。

β，谣言/辟谣信息携带者到谣言/辟谣信息提倡者的转变速率。

β_1，谣言传播者到谣言提倡者的转变速率。

β_2，辟谣信息传播者到辟谣信息提倡者的转变速率。

3.3.3　八状态 ICSAR 谣言扩散模型建立与分析

3.3.2 节对八状态 ICSAR 的各状态以及各影响因子进行了简单介绍及分析，图 3.5 为八状态 ICSAR 谣言扩散模型。通过图 3.5 可以看出随着信息吸引度 A 的下降，更多的人会转变为信息无知移出者。较高的人员主观判断力及谣言辟谣信息客观可识别度 ε_1、ε_2 可以降低从信息无知者、辟谣信息携带者、辟谣信息传播者转变至谣言携带者的速率，同时信息媒体的可信度 P_b 也会影响各状态之间的转变速率。在信息大量传播的过程中，当传播者多次将信息传播给与传播者拥有相同信息的人时，传播者会逐渐失去对信息传播的兴趣，变为相应状态的信息携带移出者。各状态间的具体转变率可通过式（3-4）～式（3-11）获得。

$$\frac{\mathrm{d}I}{\mathrm{d}t} = -\alpha_1 A P_b (1-\varepsilon_1)(1-s) I R_S - \alpha_2 A P_b \varepsilon_2 I T_S \tag{3-4}$$

$$\frac{\mathrm{d}R_C}{\mathrm{d}t} = \alpha_1 A P_b (1-\varepsilon_1)(1-s) I R_S + \mu R_S (R_C + R_S + R_A) -$$

$$\beta R_C - \frac{\delta P_b \varepsilon_2 R_C T_S}{r(1-\varepsilon_1)} - P_S R_C +$$

$$\frac{\delta P_b (1-\varepsilon_1)(1-s)}{c_1 r \varepsilon_2} [T_S (R_C + R_S + R_A)] + c_1 T_C R_S \tag{3-5}$$

$$\frac{\mathrm{d}R_S}{\mathrm{d}t} = P_S R_C - \frac{\delta P_b \varepsilon_2 R_S (T_C + T_S + T_A)}{c_1 r (1-\varepsilon_1)} - \mu R_S (R_C + R_S + R_A) -$$

$$\beta_1 R_S (R_C + R_S + R_A^x) \tag{3-6}$$

$$\frac{\mathrm{d}T_C}{\mathrm{d}t} = \alpha_2 A P_b \varepsilon_2 I T_S + \mu T_S (T_C + T_S + T_A) +$$

$$\frac{\delta P_b \varepsilon_2 R_S (T_C + T_S + T_A)}{c_1 r (1 - \varepsilon_1)} + \frac{\delta P_b \varepsilon_2 R_C T_S}{r (1 - \varepsilon_1)} -$$

$$P_S T_C - \beta T_C - \frac{\delta P_b (1 - \varepsilon_1)(1 - s)}{r \varepsilon_2} T_C R_S \tag{3-7}$$

$$\frac{\mathrm{d}T_S}{\mathrm{d}t} = P_S T_C - \frac{\delta P_b (1 - \varepsilon_1)(1 - s)}{c_1 r \varepsilon_2} [T_S (R_C + R_S + R_A)] -$$

$$\mu T_S (T_C + T_S + T_A) - \beta_2 T_S (T_C + T_S + T_A^x) \tag{3-8}$$

$$\frac{\mathrm{d}I_R}{\mathrm{d}t} = 0 \tag{3-9}$$

$$\frac{\mathrm{d}R_A}{\mathrm{d}t} = \beta R_C + \beta_1 R_S (R_C + R_S + R_A^x) \tag{3-10}$$

$$\frac{\mathrm{d}R_A}{\mathrm{d}t} = \beta R_C + \beta_2 T_S (T_C + T_S + T_A^x) \tag{3-11}$$

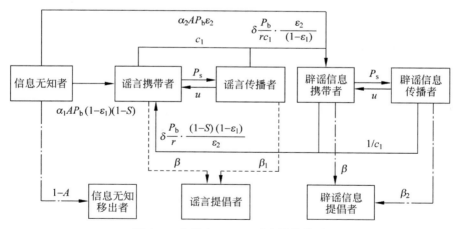

图 3.5　八状态 ICSAR 谣言扩散模型

本研究以北京市作为研究区域,将北京市划分成 1 km×1 km 的网格。根据实际地图大小,北京市共被划分成 16 498 个网格,图 3.6 表示各网格间各状态量互相转变的情况。由图 3.6 可知,$t-1$ 时刻,网格 j 中,谣言携带者、谣言传播者以及谣言提倡者的总人数为 $P_{RC}(t-1, j) + P_{RS}(t-1, j) +$

$P_{RA}(t-1,j)$，而辟谣信息携带者、辟谣信息传播者以及辟谣信息提倡者的总人数为 $P_{TC}(t-1,j)+P_{TS}(t-1,j)+P_{TA}(t-1,j)$。但是，由于人员移动的复杂性，每时每刻都会有不同状态的人移入网格 j，也会有不同状态的人移出网格 j。

　　人员流动模拟计算考虑了通过地铁、公交车和出租车 3 种公共交通的人员流动信息。基于所划分的网格，不同人群网格间的人数转换可以通过以下方式算出。

　　① 信息无知者→谣言携带者：当信息无知者碰到谣言传播者时，该人会有 A（信息吸引度）的概率对谣言产生兴趣，并会根据该人的主观判断力（S）、谣言客观可识别度（ε_1）、信息媒介可信度，计算出 $t-1$ 时刻从信息无知者变为谣言携带者的人数，如式（3-12）所示：

$$\Delta N_{I\rightarrow RC}(t-1,j)=\alpha_1 A P_b(1-\varepsilon_1)(1-S)\cdot P_I(t-1,j)\cdot P_{RS}(t-1,j)$$

$$(3\text{-}12)$$

其中，$\Delta N_{x\rightarrow y}$ 表示单位时间内从状态 x 变为状态 y 的人数；$P_x(t,j)$ 为 t 时刻网格 j 拥有的状态为 x 的人的总数量。

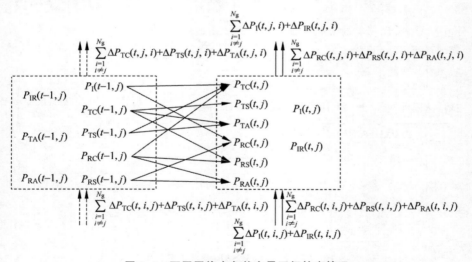

图 3.6　不同网格中各状态量互相转变情况

t：时间；i,j：网格号；N_g：网格总数量；$\Delta P_x(t,i,j)$：t 时刻，状态为 x 的人从网格 i 移动至网格 j 的总人数

　　② 信息无知者→辟谣信息携带者：与过程 1（信息无知者→谣言携带者）基本相似，考虑辟谣信息的客观可识别度（ε_2），则 $t-1$ 时刻网格 j 中，

从信息无知者变为辟谣信息携带者的人数可由式(3-13)显示出。

$$\Delta N_{\text{I}\rightarrow\text{TC}}(t-1,j)=\alpha_2 AP_\text{b}(1-\varepsilon_2)P_\text{I}(t-1,j)\cdot P_{\text{TS}}(t-1,j)$$

$$(3\text{-}13)$$

③ 辟谣信息/谣言携带者→辟谣信息/谣言传播者：信息的转发概率为 P_S 即为携带者转变至传播者的比例。$t-1$ 时刻从辟谣信息/谣言携带者转变至辟谣信息/谣言传播者的人数可由式(3-14)及式(3-15)表示出。

$$\Delta N_{\text{TC}\rightarrow\text{TS}}(t-1,j)=P_\text{S}\cdot P_{\text{TC}}(t-1,j)\qquad(3\text{-}14)$$

$$\Delta N_{\text{RC}\rightarrow\text{RS}}(t-1,j)=P_\text{S}\cdot P_{\text{RC}}(t-1,j)\qquad(3\text{-}15)$$

④ 辟谣信息/谣言携带者→辟谣信息/谣言提倡者：由于从辟谣信息/谣言携带者转变至辟谣信息/提倡者的速率为 β（在本研究中，假设辟谣信息/谣言携带者转变至辟谣信息/提倡者的速率是相同的，同为 β），则 $t-1$ 时刻网格 j 中辟谣信息/谣言携带者转变为谣言/辟谣信息移出者的数量可由式(3-16)和式(3-17)得出。

$$\Delta N_{\text{TC}\rightarrow\text{TA}}(t-1,j)=\beta\cdot P_{\text{TC}}(t-1,j)\qquad(3\text{-}16)$$

$$\Delta N_{\text{RC}\rightarrow\text{RA}}(t-1,j)=\beta\cdot P_{\text{RC}}(t-1,j)\qquad(3\text{-}17)$$

⑤ 辟谣信息/谣言传播者→辟谣信息/谣言提倡者：当辟谣信息/谣言传播者将信息传播给已经获取到相同信息的人时，会有一定概率失去对信息继续传播的兴趣，变为信息提倡者。由于辟谣信息/谣言传播者转至辟谣信息/谣言信息提倡者的速率分别为 β_2、β_1，因此在 $t-1$ 时刻网格 j 中，辟谣信息与谣言传播者转至辟谣信息与谣言提倡者的数量可由式(3-18)和式(3-19)获得。

$$\Delta N_{\text{TS}\rightarrow\text{TA}}(t-1,j)=\beta_2\cdot P_{\text{TS}}(t-1,j)\cdot[P_{\text{TC}}(t-1,j)+P_{\text{TS}}(t-1,j)+$$
$$P_{\text{TA}}(t-1,j)^x]\qquad(3\text{-}18)$$

$$\Delta N_{\text{RS}\rightarrow\text{RA}}(t-1,j)=\beta_1\cdot P_{\text{RS}}(t-1,j)\cdot[P_{\text{RC}}(t-1,j)+P_{\text{RS}}(t-1,j)+$$
$$P_{\text{RA}}(t-1,j)^x]\qquad(3\text{-}19)$$

⑥ 辟谣信息/谣言传播者→谣言/辟谣信息携带者：上述提到人们更愿意相信自己已知的信息，所以当谣言传播者传播谣言给辟谣信息携带者时，相比传播给信息无知者，辟谣信息携带者具有阻碍系数 (r)。同理，辟谣信息传播者传播给谣言携带者时同样具有阻碍系数。则在 $t-1$ 时刻网格 j 中从辟谣信息/谣言传播者转变至谣言/辟谣信息携带者的数量可通过式(3-20)和式(3-21)获得。

$$\Delta N_{TC \to RC}(t-1,j) = \frac{\delta P_b (1-\varepsilon_1)(1-S)}{r\varepsilon_2} \cdot P_{TC}(t-1,j) \cdot P_{RS}(t-1,j)$$

$$(3-20)$$

$$\Delta N_{RC \to TC}(t-1,j) = \frac{\delta P_b \varepsilon_2}{r(1-\varepsilon_1)} \cdot P_{RC}(t-1,j) \cdot P_{TS}(t-1,j) \quad (3-21)$$

⑦ 辟谣信息/谣言传播者→辟谣信息/谣言携带者：当辟谣信息/谣言传播者将信息传播到与他们具有相同信息的人时，有一定概率会失去继续对信息传播的兴趣，变为辟谣信息/谣言携带者。式(3-22)和式(3-23)可以计算出 $t-1$ 时刻网格 j 中由辟谣信息/谣言传播者转为辟谣信息/谣言携带者的数量。

$$\Delta N_{TS \to TC}(t-1,j) = \mu P_{TS}(t-1,j) \cdot [P_{TC}(t-1,j) + \\ P_{TS}(t-1,j) + P_{TA}(t-1,j)] \quad (3-22)$$

$$\Delta N_{RS \to RC}(t-1,j) = \mu P_{RS}(t-1,j) \cdot [P_{RC}(t-1,j) + \\ P_{RS}(t-1,j) + P_{RA}(t-1,j)] \quad (3-23)$$

本研究中，每个网格(1 km×1 km)的综合谣言扩散风险 R 定义为每个时间步长该网格中可能被谣言"感染"的平均人数。因此，每个网格中谣言扩散风险 R 可以用每个时间步长不同状态的人转变为谣言携带者的人数表示（$\Delta N_{I \to RC}$：从信息无知者转变为谣言携带者的人数；$\Delta N_{TC \to RC}$：从辟谣信息携带者转为谣言携带者的人数）。则谣言扩散风险 R 可由式(3-24)表示：

$$R(t,j) = \Delta N_{I \to RC} + \Delta N_{TC \to RC}$$
$$= \left[\alpha_1 A \cdot P_I(t-1,j) + \frac{\delta}{r\varepsilon_2} \cdot P_{TC}(t-1,j) \right] \cdot \\ P_b(1-\varepsilon_1)(1-S)P_{RS}(t-1,j) \quad (3-24)$$

其中，$R(t,j)$ 表示 t 时间网格 j 中的综合谣言扩散风险。

3.3.4　八状态 ICSAR 谣言扩散模型的验证

本研究利用基于 SIR 模型的计算机模拟、基于过程模型的计算机模拟以及真实数据对八状态 ICSAR 模型进行验证。具体验证如下。

（1）基于 SIR 模型验证

图 3.7 显示了基于 SIR 模型与基于 ICSAR 模型的计算机模拟结果。在模拟中，假定人员传播概率 PS 为 1。如图 3.7 所示，在两模型中，随着信息未知者数量的下降，移出者数量以基本一致的轨迹上升，并且最终重合。

在 40 时间步长时,信息开始大幅传播,并以指数形式增长,而在 100 时间步
长后,几乎所有人都收到过信息。信息传播者数量在第 85 个时间步长达到
峰值,为 6 万左右。而在 300 个时间步长之后,几乎所有人都变成了移出
者。通过基于 SIR 模型的验证,发现两个模型的变化特征基本一致,拟合
度很高,故由 SIR 模型证明了八状态 ICSAR 模型的可行性。

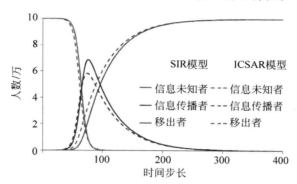

图 3.7　基于 SIR 模型与 ICSAR 模型的计算机模拟结果(见文前彩图)

(2)基于过程模型的计算机模拟的验证

第 2 章在社交媒体的传播研究中介绍了各种媒介的传播机制。由于手
机短信具有很强的信息传播能力[100],假设信息通过手机短信传播(手机短
信的传播流程见图 2.12),本研究假设信息吸引度为 1,即所有人都对该信
息感兴趣。本章基于短信的信息传播机制和以下 4 个假设对基于过程模型
的信息传播进行模拟。

假设 1:不考虑政府官方辟谣,并且设定 1 个谣言传播者和一个辟谣信
息传播者作为初始值。

假设 2:每一个人都有一个内在的观点属性值。由于每个人都有自己
的主观判断力,谣言也有客观可识别度,所以本研究定义如果人员收到一条
辟谣信息则观点属性值加 1.5 分,若收到一条谣言则观点属性值减 1.0 分。

假设 3:当信息传播者将信息传播至 10 个已经知道消息的人时,该信
息传播者会失去继续传播信息的动力变为信息携带者。另外,如果传播者
发现自己传播的信息是错误的,则会停止对错误信息继续传播。

假设 4:当人的观点属性值大于 5 分时,认为该人变成辟谣信息提倡
者,其状态不再变化。相反,如果观点属性值小于 -5 分,该人变成谣言提
倡者,其状态也不再发生变化。

通过上述假设,基于过程模型的计算机模拟结果如图 3.8 所示。

图 3.8 中显示了信息无知者、辟谣信息提倡者以及谣言提倡者的动态变化。其中实线为基于过程模型的计算机模拟数据,虚线为基于八状态 ICSAR 模型的数据。从图 3.8 中可以看出,大约在 40 时间步长时,信息无知者开始快速下降。辟谣信息提倡者在 200 时间步长时接近 10 万人,两模型数据基本一致。另外,基于过程模型的计算机模拟与八状态 ICSAR 模型在信息传播最后时的谣言提倡者数量都非常少,基本可以忽略。

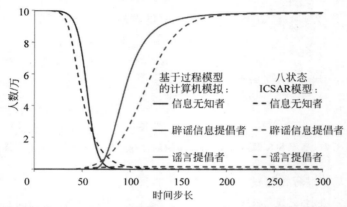

图 3.8　基于过程模型的计算机模拟验证:信息无知者及提倡者(见文前彩图)

图 3.9 为基于过程模型及八状态 ICSAR 模型的计算机模拟结果,包括谣言携带者、谣言传播者、辟谣信息携带者及辟谣信息传播者的变化情况。由于人员具有主观判断力且谣言具有客观可识别度,所以辟谣信息携带者及传播者的最大值会比谣言携带者及传播者的最大值要高。同时还可看出,大约 40 时间步长时,所有状态的人数均开始变动,辟谣信息携带者的数量在 75 时间步长时达到了 6 万人,而谣言携带者在 60 时间步长时达到了两万人。尽管谣言扩散在 55 时间步长时被限制,但谣言携带者的数量还是超过了两万人。最终,信息传播在 200 时间步长时基本结束。

由图 3.9 可见,不管从信息无知者、信息提倡者的角度还是从信息携带者及传播者的角度进行分析,都可以发现基于过程模型的计算机模拟与基于八状态 ICSAR 模型的数据基本一致,并且变化的特征吻合。因此认为从过程模型的角度再一次证明了八状态 ICSAR 模型的可行性。

(3)真实数据验证

不同的政府官方辟谣种类和信息辟谣的初始时间在谣言扩散中有着非

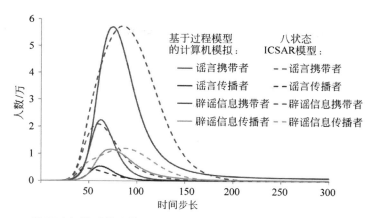

图 3.9　基于过程模型的计算机模拟验证：信息携带者及传播者（见文前彩图）

常重要的作用。将官方辟谣纳入八状态 ICSAR 模型中，能加大模型的真实可靠性。图 3.10 为基于真实数据的八状态 ICSAR 模型验证结果。通过八状态 ICSAR 模型，按照真实数据设置 ICSAR 模型标准值，如表 3.3 所示。

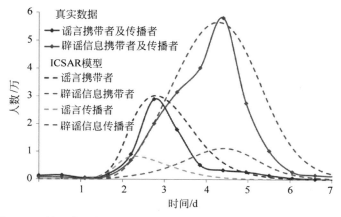

图 3.10　基于真实数据的八状态 ICSAR 模型验证结果（见文前彩图）

真实数据来自 2011 年福岛核泄漏后新浪微博传出的吃碘盐可以抗辐射的谣言传播数据。其中菱形符号曲线表示谣言携带者而方形符号曲线表示辟谣信息携带者，实线为真实数据，虚线表示 ICSAR 模型下的各状态曲线。图 3.10 显示，ICSAR 模型模拟出的数据与真实数据具有相同的变化特征。通过 ICSAR 模型得出第 2 天及第 3 天为谣言扩散的峰值，而辟谣信息的峰值在第 4 天及第 5 天，这与真实情况下的谣言分布情况吻合。如

图 3.10 所示,谣言携带者(菱形符号曲线)在 66 h 左右接近峰值(约 3 万人),而辟谣信息携带者(方形符号曲线)在 90 h 左右达到峰值(约 5.8 万人)。

由上述分析可知,谣言传播者以及辟谣信息传播者的数量能够说明八状态 ICSAR 模型可定量反映出官方辟谣在谣言扩散中的作用。真实数据的验证说明了八状态 ICSAR 模型在考虑官方辟谣的情况下也是可行的。

表 3.3　本研究模拟中的各参数标准值设定

属　　性	数值
信息吸引度(A)	1.000
谣言客观可识别度(ε_1)	0.000
辟谣信息客观可识别度(ε_2)	1.000
人员主观判断力(S)	0.000
通过口头交流的信息转达概率(P_s)	0.150
政府可信度(P_b)	0.600
增强系数(c)	2.000
地铁上的信息传播率($R_{a\text{-}sub}$)	0.042
公交车上的信息传播率($R_{a\text{-}bus}$)	0.042
出租车上的信息传播率($R_{a\text{-}taxi}$)	0.500
家庭中的信息传播率($R_{a\text{-}home}$)	0.080
办公室中的信息传播率($R_{a\text{-}off}$)	0.100
政府辟谣信息发布阈值(T_G)	1.0×10^5
政府辟谣信息覆盖率(C_R)	0.600
政府辟谣信息发布频率(F)	2.000

3.3.5　谣言扩散及辟谣信息传播模拟结果分析

由于信息的载体是人,因此信息流动离不开人员的流动。北京市人口密集,人员流动繁杂,本章选择北京市作为研究区域,研究人数规模设置为 2500 万。为了充分考虑人员流动性以及个人属性对谣言扩散的影响,本研究对交通数据以及个人属性数据进行了详细分析。本章所有交通数据均来自北京市交通委员会,包括地铁、公交车和出租车的动态数据及人员乘坐情况。

近些年来公共交通系统快速发展,路网日益复杂,导致人员流动频繁,信息传播也更复杂。截至 2015 年 7 月 1 日,北京市共有地铁站 230 余个,地铁线路增加到 5 条,覆盖城区和郊区。同时,上万个公交站点以及超过 7 万辆的出租车也让北京市的人员流动更复杂。本研究用到的超过 7000 万人次的地铁及公交信息记录来自 2014 年 2 月份,数据包括一卡通号码、城市公交线路、上下车站以及上下车时间。出租车数据包括每 30 s 的出租车数量、位置(经纬度)、当前状态(空车、有乘客、暂停、停运及其他状态)和车速。同时,通过北京市测绘局获取了北京市 GIS 图(本研究利用 GIS 软件[101],对数据进行处理与显示),图中显示北京市的道路节点超过 16.6 万个,而大型道路超过 2.3 万条,这些复杂的道路也为北京市复杂的人员流动提供了基础。数据还显示了每天地铁、公交及出租车乘坐量超过 2000 万人次。由上述数据可知,北京市人员流动极为复杂,这也都为人员的口头交流及谣言传播提供了基础。

依据北京市的公共交通分布情况,可以发现大多数地铁站及公交站分布在城市中心,并且由公交站分布可以发现,北京市东南区域的交通比西北区域的交通更加密集,北京市东北区域的人员流动比西南区域更加频繁。

北京市居民的个人属性数据均来自 2010 年北京市人口统计年鉴[75],数据包括北京市各街道人口密度、人员性别、年龄和受教育程度分布情况。由于不同人具有不同偏好,从而决定了他们在信息传播中拥有不同的特征。例如,个人偏好的信息传播媒介和愿意将信息转发给的人数等因素,能对信息传播效率造成很大的影响[102]。故通过问卷(见附录)可获取的个人偏好,包括媒体使用情况、人员是否会传播自己获取到的灾害信息、人员对信息媒介的偏好以及人员愿意将信息传播给多少人。

本节中的谣言扩散主要考虑了口头、微博、电话及网站共 4 种途径,下面对不同媒介具体情况进行分析。

表 3.4 为微博及电话下的不同群体个人信息媒介使用偏好情况,可见女性比男性更喜欢用微博,年龄较低的群体(16～35 岁)比年龄较高的群体更愿意转发微博信息。微博群体大多会将信息转发给 100～500 人(由微博粉丝数决定),而电话群体的信息转发数一般为 3～5 人。通过表 3.5 可知,男性比女性更爱浏览网站。随着年龄的增长,网民的比例越来越低,而绝大部分网民每天的上网时间都超过 1 h。在本研究的谣言扩散模拟中,使用上述来自调查问卷的真实数据进行模拟。

表 3.4　微博及电话下的不同群体个人信息媒介使用偏好情况

媒介	人群	覆盖率/%	信息转发概率/%	转发数量的概率分布
微博	男性	46.35	48.64	
	女性	58.32	50.76	
	16～35 岁	76.74	51.83	
	36～55 岁	34.00	28.66	
	55 岁以上	3.10	10.00	
电话	男性		68.69	
	女性		74.71	
	16～35 岁	99.00	79.26	
	36～55 岁		77.97	
	55 岁以上		51.46	

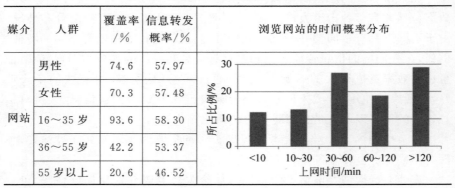

表 3.5　网站不同群体使用者偏好情况

媒介	人群	覆盖率/%	信息转发概率/%	浏览网站的时间概率分布
网站	男性	74.6	57.97	
	女性	70.3	57.48	
	16～35 岁	93.6	58.30	
	36～55 岁	42.2	53.37	
	55 岁以上	20.6	46.52	

　　人员主观判断力对谣言传播的影响巨大,首先对人员主观判断力进行计算和分析,可知人员主观判断力与人员的年龄、受教育程度及性别有关,故本研究定义人员主观判断力为该三者系数的乘积(各系数算法参照前面部分)。

　　研究表明,北京城区的个人主观判断力比郊区高,这主要是由于城区的受教育程度高于郊区,北京的南部、西南部及西部(延庆、怀柔以及门头沟地区)的人员的个人主观判断力较差。这些地方不仅受教育情况不容乐观,并且老年人、小孩等弱势群体分布也比较集中。所以加强北京市整体教育水平，均衡弱势群体分布，可以有效提升总体主观判断力水平，从而提高人员对谣言的抵抗力。

图 3.11 为根据上述综合风险计算方法算得的北京市一周内的综合谣言扩散风险分布情况示意图，图中显示了谣言出现、孕育、爆发、衰减及消失 5 个阶段在 7 天内的变化情况（模拟中，认为谣言吸引度为 1，即谣言与所有人都紧密相关）。研究表明，第 1 天，谣言以零星几个点的形式出现，但由于人员的频繁交流，谣言很快在城区扩散开。第 1 天后，政府监测到的谣言数量已经超出了其能够承受的阈值，政府开启辟谣方案发布系统，在第 1 天后开始通过各种渠道发布辟谣信息。但由于辟谣信息从开始发布至蔓延开具有一定的延迟性，因此到第 2 天，谣言携带者及谣言传播者的总人数峰值达到了 1000 万，说明有超过 1000 万的人相信了谣言。由第 2 天的风险分布情况可知，城市谣言传播风险高于郊区，北京市东南部区域高于西北部区域。在辟谣信息开始蔓延后，大量群众转变为辟谣信息携带者及传播者，从而在第 3 天及第 4 天的时候，谣言风险大幅衰减，而此时辟谣信息携带者及传播者的数量达到最大值。最终，谣言在第 7 天基本消失。

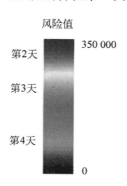

图 3.11　北京市一周内的综合谣言扩散风险分布情况示意图（见文前彩图）

由于谣言扩散风险与人员流动紧密相关，所以本章研究了在谣言爆发期（第 2 天）内不同时间段（8 时、16 时及 24 时）的谣言扩散风险分布情况。图 3.12 为居民一天内的流动情况。本研究中假设北京市所有居民在 0—8 时待在家中，8 时至 8 时 30 分陆续离开家，乘坐相应的交通工具或者步行、骑行至办公地点，在办公地点工作至 17 时，并且在 17 时至 17 时 30 分陆续离开办公室返回家中，在 24 时前一直停留在家中。分析谣言爆发期（第 2

天)内不同时间段(8 时、16 时及 24 时)的谣言扩散风险分布情况,可以发现,人员待在家中的时候,由于城区人口密度较高,城区谣言扩散风险要大于郊区,而在上班时间,谣言扩散风险的分布与公共交通分布,尤其是与地铁站的分布呈明显的相关趋势。这是由于办公区域往往都临近地铁站和各大公交站点,人员流动在这些站点附近较为集中,故导致地铁站及大型公交站附近呈现高风险分布态势。因此,政府应该着力将辟谣信息发布在大型公交站以及地铁站中,这样能非常有效地阻止谣言传播,降低谣言风险。

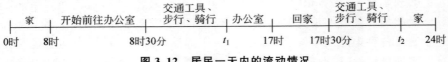

图 3.12　居民一天内的流动情况

　　由于谣言传播与上述提到的很多因素有关,因此本节主要研究不同传播媒介、传播场所、不同政府辟谣信息覆盖率和政府辟谣信息发布阈值共 4 个影响因素对谣言传播的影响。

　　图 3.13 为谣言及辟谣信息在缺少不同信息传播媒介下的传播情况。其中实线表示对照组,即微博、短信及网站全部都正常使用时的谣言及辟谣信息传播情况,在这种情况下谣言传播峰值最高,传播速度也最快。而在所有信息媒介中,由于网站在信息获取方面比手机强,故由曲线也可分析出网站比手机(电话、短信)的影响要更大。并且通过曲线还可分析出,由于大众对微博以及手机的可信度较低,导致在没有这两种传播媒介的情况下,最终辟谣信息提倡者的人数会略有提高。而辟谣信息携带者及传播者的数量在各种状态下基本保持一致,这是由于该数量主要由政府辟谣的相关参数决定,而非信息媒介本身属性决定。当政府监测到谣言,并且预测到危机,准备进行控制时,抑制谣言在微博及网站上的传播会有较高的效率。

　　口头传播是信息传播最主要的途径,如在公共交通上,办公室中和家庭间,口头交流存在于各场合。而这些交流的场所是谣言扩散的温室。图 3.14 为缺少不同交流场所时,谣言、辟谣信息提倡者、携带者、传播者及信息无知者的数量变化情况。图 3.14 中显示,地铁和办公室两个场所更能促进口头信息的传播。办公室有利于口头传播的原因在于办公室中的人数较多,并且大家的亲密度较大,交流比较频繁。而地铁有利于口头传播则是因为基础人数较多,密度大,很多人可同时听到一些信息。出租车虽然乘客较少,但是司机往往与乘客之间也能进行一些交流,从而达到信息传播的目的。

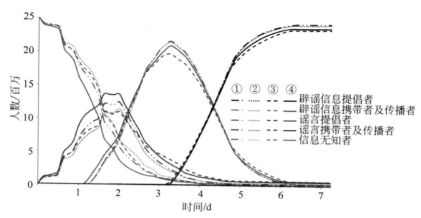

图 3.13　缺少不同信息传播媒介下的谣言及辟谣信息传播情况（见文前彩图）
① 无微博；② 无电话及短信；③ 无网站；④ 对照组（全有）

由图 3.14 显示的结果可知，通过控制大型公共交通线路以及办公室中的谣言扩散，可以在一定程度上缓解谣言爆发强度，如图所示，在没有办公室或地铁信息交叉传播的情况下，爆发期的谣言携带者及传播者数量从 1200 万降到了 600 万。

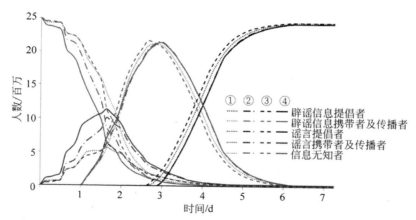

图 3.14　缺少不同传播场所时的谣言及辟谣信息传播情况（见文前彩图）
① 无办公室；② 无出租车；③ 无地铁；④ 对照组（全有）

图 3.15 为不同政府辟谣信息覆盖率（100%；80%；60%；40%）下的谣言及辟谣信息传播情况分析。通过红色曲线的初始部分可以看出，在政府开始传播辟谣信息之前，不同政府辟谣信息覆盖率下的谣言携带者及传

播者的数量增长速度是一样的。这是由于初始谣言传播速度与辟谣信息覆盖率无关,只与政府辟谣阈值有关。另外,通过图 3.15 可看出,较低的政府信息覆盖率会加大谣言传播规模,推迟辟谣信息爆发的时间,并降低最终的辟谣信息提倡者数量。当政府辟谣信息覆盖率从 40％增加至 60％时,谣言携带者及传播者的峰值会有一个较大的下降。随着辟谣信息覆盖率的继续上升,各状态量变化幅度逐渐缩小。突发事件发生时,政府可选择并结合不同信息媒体,实现不同辟谣信息覆盖率。但是一味追求高覆盖率,不仅会造成大量经济损失,而且对辟谣效率的提升不一定有很大帮助。另外,如何结合不同信息传播媒介,达到辟谣信息覆盖率最大化的目的,也是一个非常值得研究的问题。

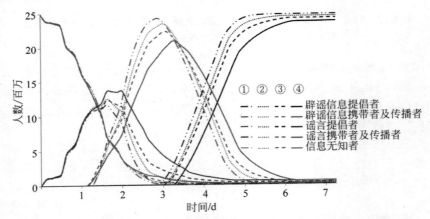

图 3.15　不同政府辟谣信息覆盖率下的谣言传播情况分析（见文前彩图）

政府辟谣信息覆盖率：① 100％；② 80％；③ 60％；④ 40％

　　不同政府辟谣信息发布阈值会影响谣言传播的规模以及受影响人数达到最大值的爆发时间。图 3.16 为不同政府辟谣信息发布阈值下谣言传播情况分析。由于在谣言爆发期,谣言携带者及传播者的人数会以指数的形式增长。所以当政府辟谣信息发布阈值从 20 万降至 10 万时,由于谣言携带者数量已经众多,故对谣言传播的影响不是很大。但是,如果继续降低政府辟谣信息发布阈值,则政府能在更早期对谣言进行控制,在谣言大规模传播前尽早抑制谣言,从而大大降低爆发期的峰值。如图 3.16 所示,当政府辟谣信息发布阈值由 10 万降至 2 万时,爆发期谣言携带者及传播者峰值数量从 1500 万降至 1200 万,即有 300 万人能因此免受谣言的伤害,而且较低的阈值也可以让最终状态下辟谣信息提倡者的数量上升。

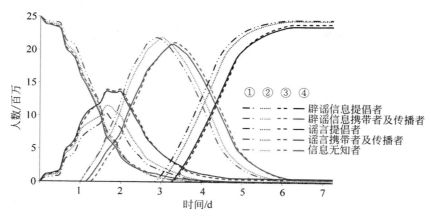

图 3.16　不同政府辟谣信息发布阈值下谣言传播情况分析（见文前彩图）
政府辟谣信息发布阈值：① 2 万；② 5 万；③ 20 万；④ 10 万

3.4　考虑视觉、听觉的人际间灾害信息传播模型研究

　　政府及相关部门在大型突发事件，如飓风、洪水、海啸、危化品泄漏或者恐怖袭击发生时，将没有足够时间进行信息传播，此时信息网可能被摧毁，报警系统可能出现问题而失效，以上状况都可能会导致受灾者无法在第一时间获取到灾害信息。在这种情况下，灾区居民只能通过人际间的信息自传播过程获取信息。例如，一个受灾者知道消息，可以通过口头将相关信息传播给该房间内的所有人，所以人际间口头交流能在很大程度上提高信息传播的速度[103]。除了口头传播外，人在疏散过程中，如果被其他信息未知者看到，也可能具有带动效应，从而达到 1 人带动多人的结果。同时，疏散产生的嘈杂声音也可能让其他地点的人注意到，从而达到共同疏散的目的。而人际间信息自传播过程也可以协助政府制订有效的信息传播及人员疏散计划。尤其在大城市中，人口密度高且基础设施价值高，人际间预警信息自传播更为重要。本节基于人的口头交流以及通过视觉及听觉的信息自获取，建立了有效的预警信息自传播模型，并模拟了居民进行信息自获取的过程和人员疏散过程。结合 12 个影响因素（人员高度、疏散移动速度、视力、好奇心阈值、疏散中是否呼喊、信息相信概率、窗户的尺寸及位置、楼层高度、环境噪声强度、由房间门导致的声音衰减、由楼层隔板导致的声音衰减和信息源的数量）对基于人际间信息自获取的区域性人员疏散进行了研究。

通过对门的开关状态、疏散者疏散过程中是否呼喊、个人好奇心阈值以及信息相信概率的敏感性分析,提出了信息传播与疏散的优化方案。人际间自发的预警信息自传播模型及模拟结果对政府面向突发事件下的应急决策起到了很好的支撑作用,并对大城市中的区域疏散提供了帮助。

图 3.17 为人际间信息自获取的流程。在灾害事故发生后,人们会通过社交媒体、亲朋好友或者自己直接获取到灾害信息,之后这些信息携带者会根据获取到的信息进行疏散(本节定义疏散过程为从家疏散至最近的疏散点)。人员获取到信息后,在房间中呼喊,则同房间的人可得到相关信息从而进行疏散。而疏散者在疏散过程中在楼道或楼外道路上呼喊,其他楼层或建筑物中的人也有可能听见嘈杂的声音,从而产生好奇,也可能获取到疏散信息。若疏散者在疏散过程中不呼喊,在楼道中或室外道路上产生的踩踏声音也可能引起其他人的注意。除声音外,其他居民也可以从窗户中利用自己的视觉进行观察,获取疏散信息。信息未知者获取且相信疏散信息后变为疏散者,进行新一轮的人际间信息自传播。

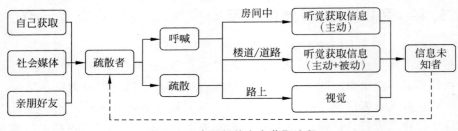

图 3.17　人际间信息自获取流程

3.4.1　人员视觉信息自获取模型

在人员疏散过程中,已知信息的疏散者在楼道或者道路上进行疏散时,信息未知者可以通过自己的观察发现疏散者,并根据自己的主观判断决定是否应该跟随疏散。图 3.18 为人员通过视觉获取信息的流程。下面对图中信息获取过程中的 4 个概率进行详细分析。

(1)概率 P_1

P_1 是房间中人面向窗户的概率。本研究中假设房间的尺寸为 4 m×4 m×2.7 m。每个房间只有一扇窗户(高 1.5 m,宽 1.8 m,窗台高 0.9 m),且该窗户的水平位置位于当面墙的中间。本研究中假设房间中的居民有25%的机会能注意到窗户,因为该居民面向窗户方向的概率为25%。

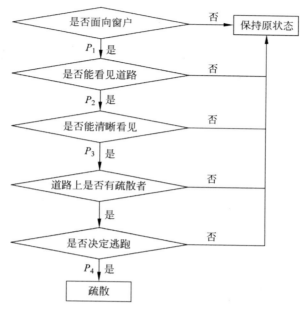

图 3.18　人员通过视觉获取信息的流程

P_1：房间中人面向窗户的概率；P_2：面向窗户时可以看见室外道路的概率；P_3：看见道路并且可以看清路上行人的概率；P_4：看到道路上有疏散者，决定跟随逃跑的概率

（2）概率 P_2

P_2 是人员面向窗户时可以看见室外道路的概率。而道路能被面向窗户的居民看到，必须满足以下两个条件：一是该道路必须满足从竖直角度可以被看到；二是该道路必须满足从水平角度可以被看到。

从竖直角度考虑，图 3.19 为房间中人员从竖直角度可以看到道路的剖面图。其中，L_{pw}' 是人员距离窗户的垂直距离；L_r 为房间的边长（本研究定义房间为 4 m×4 m 的正方形）；L_{min} 是人员盲区的距离（人员能看到的离楼房最近的位置到楼房的垂直距离）；L_{max} 是人员能看到的最远距离距楼房的垂直距离；L_{eye} 为人眼所能看到的最远距离（该距离与人的视力有关）；H_w 是窗户的高度；H_{ws} 是窗台的高度；H_f 是整个房间的高度；H_p 是人的眼睛距地面的距离（本研究假定该高度与人的高度一致）；N_f 为人员所在的楼层数。

根据图 3.19 中房间里人员与窗户的位置关系、建筑物本身的结构尺寸以及道路分布可以计算出各参数间的关系。根据相似三角形理论，可得出式(3-25)，对其进行推导，盲区距离 L_{min} 可由式(3-26)表示：

$$\frac{L_{pw}}{H_p - H_{ws}} = \frac{L_{min}}{(N_f - 1) \cdot H_f + H_{ws}} \tag{3-25}$$

$$L_{min} = \frac{[(N_f - 1) \cdot H_f + H_{ws}] \cdot L_{pw}}{H_p - H_{ws}} \tag{3-26}$$

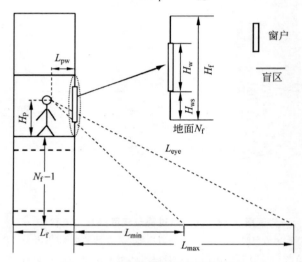

图 3.19 人员垂直视线范围剖面图

通过相同的方法，根据相似三角形理论可得到式(3-27)，经过推导，L_{max} 可由式(3-28)表示：

$$[(N_f - 1) \cdot H_f + H_p]^2 + (L_{pw} + L_{max}) = L_{eye}^2 \tag{3-27}$$

$$L_{max} = \sqrt{L_{eye}^2 - [(N_f - 1) \cdot H_f + H_p]^2} - L_{pw} \tag{3-28}$$

通过上述分析，从竖直视线范围考虑，若房屋内人员面向窗户，可无意中观察到距离为 $L_{min} \sim L_{max}$ 的道路上的疏散者。

从人的水平视线范围角度分析，图 3.20 为人的水平视线范围。其中，A 为观察者，黑色方框为观察者 A 所在的房间，灰色方框为楼房，会遮挡观察者 A 的视线，灰色实线为道路；长方形竖条表示窗户。假设房间左下角为坐标原点，则观察者 A 的相对坐标为 (x, y)。L_r 为正方形房间的边长，W_w 为窗户的宽度，(x_1, y_1) 和 (x_2, y_2) 分别表示窗户两个端点相对房间的水平相对坐标。由图 3.24 可知，居民 A 通过窗户可以看到的水平角范围为 $\angle BAK$，根据余弦定理，观察者水平可视范围夹角 $\angle BAK$ 可由式(3-29)

得到。由于本研究假设窗户位于墙面正中，所以 $x_1 = x_2 = L_r$，而 y_1 和 y_2 可用 L_r 和 W_w 表示，如式(3-30)所示。将上述 x_1, x_2, y_1, y_2 代入式(3-29) 中，则 $\cos \angle BAK$ 可由式(3-31)得到。

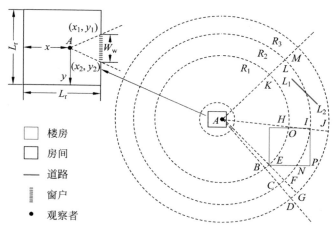

图 3.20　人员水平视线范围

$$\cos \angle BAK = \frac{(x_1 - x)^2 + (y_1 - y)^2 + (x_2 - x)^2 + (y_2 - y)^2 - (y_1 - y_2)^2}{2\sqrt{(x_1 - x)^2 + (y_1 - y)^2}\sqrt{(x_2 - x)^2 + (y_2 - y)^2}} \quad (3\text{-}29)$$

$$\begin{cases} y_1 = \dfrac{L_r + W_w}{2} \\[2mm] y_2 = \dfrac{L_r - W_w}{2} \end{cases} \quad (3\text{-}30)$$

$$\cos \angle BAK = \frac{(L_r - x)^2 + \left(\dfrac{L_r + W_w}{2} - y\right)^2 + (L_r - x)^2 + \left(\dfrac{L_r - W_w}{2} - y\right)^2 - W_w}{2\sqrt{(L_r - x)^2 + \left(\dfrac{L_r + W_w}{2} - y\right)^2}\sqrt{(L_r - x)^2 + \left(\dfrac{L_r - W_w}{2} - y\right)^2}}$$

$$(3\text{-}31)$$

本研究假设，若超出一半长度的道路能被观察者看到，则认为该道路可被观察者看见。根据上述假设，在图 3.19 中，若道路 L_1 和 L_2 能被观察者 A 看到，则 A 的水平可视角度至少要为 $\angle L_1 A L_2 / 2$，即若观察者 A 能看见道路 $L_1 L_2$，则必须要满足条件：$\angle BAK$ 大于 $\angle L_1 A L_2 / 2$。

由图 3.19 可知，观察者可以看到半径小于 R_1 内的所有区域，本研究中定义 R_1 为第一可视半径，表示观察者可以看到该半径内所有区域。图 3.19 中，完全可视区域为 $S_{\overset{\frown}{BAKB}}$。如果道路在该区域是随机分布的，则该道路能被看见的概率 P_{0-R_1} 可用式（3-32）表示。

$$P_{0-R_1} = \begin{cases} \dfrac{\angle BAK - \dfrac{\angle L_1AL_2}{2}}{360}, & \angle BAK > \dfrac{\angle L_1AL_2}{2} \\ 0, & \angle BAK \leqslant \dfrac{\angle L_1AL_2}{2} \end{cases} \quad (3\text{-}32)$$

图 3.19 所示在半径 $R_1 \sim R_2$ 的区域中，$S_{\overset{\frown}{KLIOK}}$ 和 $S_{\overset{\frown}{BEFCB}}$ 为可见区域，但如果道路落在区域 $S_{\overset{\frown}{ENFE}}$ 内，则灰色楼房会挡住道路，导致观察者无法看到。因此，在半径 $R_1 \sim R_2$ 的区域中，$S_{\overset{\frown}{ENFE}}$ 为不可视区。由上述方法也可以算出，在半径为 $R_1 \sim R_2$ 的范围内，随机分布的道路被看到的概率 $P_{R_1 \sim R_2}$ 可由式（3-33）表示。

$$P_{R_1 \sim R_2} = \begin{cases} \dfrac{\angle KAO + \angle BAE - \dfrac{\angle L_1AL_2}{2}}{360}, & \angle KAO + \angle BAE > \dfrac{\angle L_1AL_2}{2} \\ 0, & \angle KAO + \angle BAE \leqslant \dfrac{\angle L_1AL_2}{2} \end{cases}$$

$$(3\text{-}33)$$

同理可知，在半径 $R_2 \sim R_3$ 区间，可视区域为 $S_{\overset{\frown}{LMJIL}}$ 和 $S_{\overset{\frown}{CFGDC}}$，不可视区域为 $S_{\overset{\frown}{IJGFNPI}}$。在该区域中随机分布的道路能被看到的概率 $P_{R_2-R_3}$ 可由式（3-34）表示：

$$P_{R_2 \sim R_3} = \begin{cases} \dfrac{\angle KAI + \angle BAE - \dfrac{\angle L_1AL_2}{2}}{360}, & \angle KAI + \angle BAE > \dfrac{\angle L_1AL_2}{2} \\ 0, & \angle KAI + \angle BAE \leqslant \dfrac{\angle L_1AL_2}{2} \end{cases}$$

$$(3\text{-}34)$$

（3）概率 P_3

P_3 为观察者看见道路并且可以看清路上行人的概率。图 3.20 为人员最大可视距离分析图。本研究中假设路上的疏散者为 0.4 m×0.4 m×1.7 m 的正方体柱，而该尺寸也常被用在疏散模拟中[104]。L_{eye} 为在周围环境理想的情况下（晴空万里）人的最大可视距离，L_{bp} 为该栋建筑物距疏散者的垂直距离，β 为疏散者在观察者眼中的夹角，H_{pg} 为观察者 A 的眼睛距离地面的高度。

图 3.21 中的 A 与 P 分别表示观察者与疏散者,观察者 A 在房间中观察疏散者 P。假设所有居民的视力均为 5.0,即居民能识别的最小夹角 β 不小于 $1/60°$。通过图 3.25 的俯视图可知,人眼最小识别角度 β 须满足式(3-35),根据式(3-35)可以算出 L_{eye} 为 218.85 m。根据侧视图,运用勾股定理可得式(3-36)。

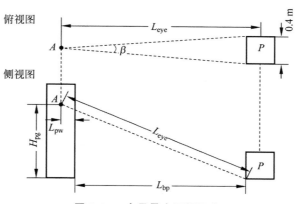

图 3.21　人员最大可视距离

$$\cot \frac{\beta}{2} = \frac{L_{eye}}{0.2} \tag{3-35}$$

$$(L_{bp} + L_{pw})^2 + H_{pg}^2 = L_{eye}^2 \tag{3-36}$$

根据图 3.18 中各参数间的关系,H_{pg} 可由式(3-37)表示,将式(3-37)代入式(3-36)中,可以算得疏散者与建筑物间的垂直距离(见式(3-38))。即当疏散者与观察者的垂直距离小于 L_{bp} 时,观察者可以看清疏散者。

$$H_{pg} = H_p + (N_f - 1) \cdot H_f \tag{3-37}$$

$$L_{bp} = \sqrt{L_{eye}^2 - [H_p + (N_f - 1) \cdot H_f]^2} - L_{pw} \tag{3-38}$$

（4）概率 P_4

P_4 是人员看到道路上有疏散者,决定跟随逃跑的概率。通过近 100 人的问卷调查发现,不同道路上的疏散者数量和观察者跟随疏散的概率 P_4 也不同,具体分布情况如图 3.22 所示,随着道路上疏散者人数的增加,观察者跟随疏散的可能性也不断升高。当道路上只有 5 人进行疏散时,跟随疏散的概率仅为 10%,而当疏散者增至 20 人时,跟随概率激增至 80%。之后随着道路上疏散者数量的继续上升,跟随疏散的概率缓慢增加,当道路上有 100 人共同疏散时,跟随疏散概率变为 100%。

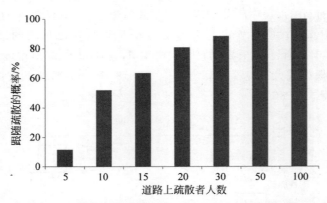

图 3.22　道路上疏散人数与观察者跟随疏散概率的关系

3.4.2　人员听觉信息自获取模型

当人员获取到灾害时,该人可能在自己所在房间直接通过口头传播通知本房间所有人,也可能直接疏散。疏散过程中,疏散者在楼道中或者室外发出的嘈杂声音可能会传播到其他房间或建筑物中,引起其他房间或建筑物中的人员听见该声音,从而使好奇者有概率跟随疏散。

在声音传播过程中,声音接收端接收到的声音强度取决于声源本身的强度、声音传播距离、墙体和地面的声音反射、门或窗造成的声音衰减以及空气的吸收效果。但是由于建筑物内部结构不规则,所以声音的衰减不能够单纯依靠国标[105-106]中定义的声音衰减公式算出。因此本研究设计了5 组声音传播实验,测量了不同情况下的声音传播与接收情况。

表 3.6 为 5 组实验的设置情况,变量包含疏散者人数、试验场地情况、屏障设置情况、门的开关与疏散者呼喊情况。

表 3.6　实验组简介

实验组	疏散者数量或声源强度	实验场地	屏障	其他
1	1～10 个疏散者	走廊	无	呼喊/不呼喊
2	65/85/95 dB	同层传播	无	
3	65/85/95 dB	隔层传播	楼层隔板	
4	65/85/95 dB	外部空场地传播	无	
5	50～110 dB	隔门传播	门板	门材料(木头/玻璃)

实验组 1 中设置了 1～10 个疏散者,经过走廊实施疏散。使用可移动式声音测量装置,记录不同数量疏散者疏散时在楼道中产生的噪声大小,研究其与疏散者人数之间的关系。实验组 2 中放置了 3 种不同强度的声源,分别为 65 dB、85 dB 及 95 dB,旨在测量不同声源强度下声音随距离的衰减情况。实验组 3 中的设置与实验组 2 中相似,同样设置了 65 dB、85 dB 及 95 dB 3 种声源,但是实验组 3 中移动测声装置被隔层放置,旨在研究不同层之间的声音衰减情况。实验组 4 主要是为了探索声音从室外向室内传播的衰减情况,使用与实验组 2 中相同的声源,将声源放在室外,测声器在室内测量接收端的声音。实验组 5 中,考虑到屏障会造成声音衰减,测量了不同材质的门对声音衰减的影响,实验选取了门最常用的两种材质:木头及玻璃。

图 3.23 为简化的实验场地。图中标记了房间、走廊、电梯、窗户、门、紧急出口的尺寸及位置。两个紧急出口分别被设置在试验场地的两侧,用三角形标注。疏散者从房间出来后向紧急出口疏散,而测声器被放置在沿途中的不同位置进行声音的测量。

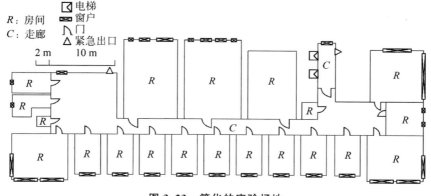

图 3.23　简化的实验场地

(1) 实验组 1:不同疏散者疏散产生的噪声测量

为了解不同疏散者人数(N_e)与产生的噪声强度(S)之间的关系,实验组 1 中设计了两组实验。第 1 组实验中,疏散者在疏散过程中不呼喊,而第 2 组实验中,疏散者在疏散过程中进行呼喊。图 3.24 中两条曲线分别为疏散者疏散过程中呼喊与不呼喊两种情况下产生的噪声强度随疏散者人数的变化曲线。随着疏散者人数的增长,声音强度在开始时有显著增高,但随着疏散者人数的继续增加,声音强度基本趋于稳定。黑色为人在疏散过程中进行呼喊的情况,灰色为不呼喊的情况。在只有一个人进行疏散的情况下,如果疏散者不呼喊,产生的声音强度大约为 69 dB,而在呼喊的情况下,声音强度大约为 79 dB,比不呼喊时高了 10 dB 左右。但随着疏散者人数的增加,呼喊情况下产生的声音强度比不呼喊的情况下高出 15～17 dB。即疏散者人数越多,呼喊造成的声音增幅比不呼喊时更明显。

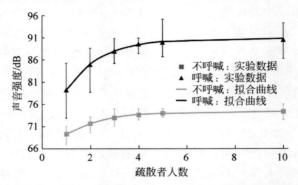

图 3.24　疏散者(呼喊/不呼喊)情况下噪声强度随疏散者人数的变化曲线

本研究就图 3.25 中声音强度(S)与疏散者人数(N_e)的关系进行曲线拟合,并建立数学模型。两种状态下 S 随 N_e 的变化规律可用式(3-39)表示。根据曲线拟合的相关性系数,式(3-39)中两个公式与图中数据的相关性系数分别为 0.9984 和 0.9991。

$$\begin{cases} S_e = 90.77 - 23.10 \times 0.4975^{N_e}, & \text{疏散中呼喊} \\ S_q = 74.45 - 9.589 \times 0.5266^{N_e}, & \text{疏散中不呼喊} \end{cases} \quad (3\text{-}39)$$

其中,S_e 为疏散者呼喊情况下产生的声音强度;S_q 为不呼喊情况下产生的声音强度。

(2) 实验组 2:同层楼道中的声音衰减测量

实验组 2 模拟了不同声源强度下声音在楼道中的传播衰减情况。例如,图 3.25 中显示,房间 1 中的疏散者出房间后,向左方的紧急出口疏散。其疏散产生的声音将会通过走廊,分别经过 L_{12} 与 L_{23} 的距离传播至房间 2 及房间 3。房间 2 及房间 3 中的人员由于与疏散者的距离不同,听到的声音强度也是不一样的。

由实验组 1 可知,不同疏散者数量及是否呼喊会产生不同大小的声音强度。图 3.26 为同层中不同声源强度下(95 dB、85 dB、65 dB)声音大小随距离的衰减情况。

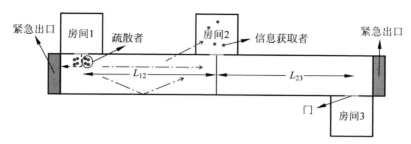

图 3.25　同层中通过听觉的信息自获取

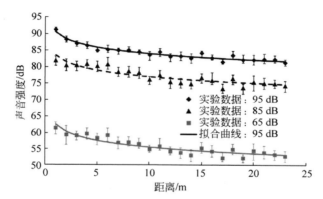

图 3.26　同层中不同声源强度下声音大小随距离的衰减情况

图 3.26 中,点数据为实验测得的真实数据,而实线为点数据拟合下的理想曲线。可见,随着与声源距离的增大,开始时接收端声音强度衰减较明显。但由于走廊中地面与壁面具有反射作用,当距离继续增长时,声音的衰减速度逐渐变慢。例如,当声源强度为 95 dB 时,10 m 外测得的声音强度为 85 dB,而 20 m 外测得的声音强度为 83 dB,下降极少。而且图 3.26 中数据显示,在 3 个不同声源强度下,下降曲线的斜率与特征基本一致,如在 95 dB 声源强度下,1 m 处的声音强度为 92 dB,20 m 处的声音强度为 83 dB,分别衰减了 3 dB 与 12 dB;而在 65 dB 声源强度下,1 m 处的声音强度为 62 dB,20 m 处的声音强度为 53 dB,同样也分别衰减了 3 dB 和 12 dB。另外,通过图 3.26 还可看出,不同距离下声音强度衰减有波动,无法完全按照理想曲线衰减,这是由建筑物内部一些不规则结构与楼道形状造成的。本研究使用差值计算了声音强度,并用 3 条曲线进行了拟合,旨在尽量排除建筑物特殊性带来的干扰。通过拟合发现在不同声源强度下,接收端声音

大小随距离的变化可用式(3-40)表达：

$$S = \begin{cases} 62.35 \times d^{-0.051\,49}, & S_s = 65 \\ 83.42 \times d^{-0.035\,13}, & S_s = 85 \\ 90.49 \times d^{-0.032\,46}, & S_s = 95 \end{cases} \quad (3\text{-}40)$$

其中，S 为接收端声音强度大小，单位为 dB；d 为接收端与声源的距离，单位为 dB；S_s 为声源强度大小，单位为 dB。通过相关性系数 R^2 的计算，3 种情况下的 R^2 分别为 0.9394，0.7984 和 0.8447。

（3）实验组 3：相邻楼层中的声音衰减测量

实验组 3 为相邻楼层下通过听觉的信息自获取实验，图 3.27 为实验设置示意图。疏散者从房间 1 跑出，进入同层左侧的紧急出口，其疏散声音不仅会通过楼道传递给房间 2 中的人，同时也会通过楼层隔板传播给上楼层房间 3 及房间 4 中的人。在图 3.27 中，H_f 表示楼层的高度，L_{12} 表示房间 1 与房间 3 的距离，L_{24} 表示房间 2 与房间 4 的垂直距离，而房间 1 与房间 3 在水平面的映射距离为 0。

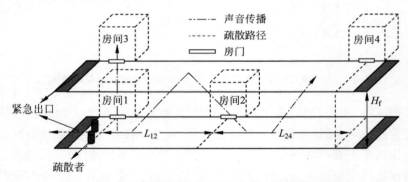

图 3.27 相邻楼层下通过听觉的信息自获取实验装置

图 3.27 为在相邻楼层间，不同声源强度下声音大小随距离的衰减情况。其中黑色实线表示声源强度为 95 dB 的情况，随着与声源垂直距离的增加，接收端的声音大小基本不变，均在 41～43 dB 波动，衰减主要由楼层间的隔板导致。当声源强度足够大时，相邻楼层房间中的人可以听见人员疏散噪声，从而有概率获取疏散信息，跟随疏散。但是当声源强度降至 85 dB 时（见图 3.28 中黑色虚线），接收端的声音与环境本底声音基本一样。当声源强度降至 65 dB 时，接收端声音强度几乎无变化。因此，当声源强度小于 85 dB 时，相邻楼层的人无法听见疏散者造成的声音。当然，不同的楼房结

构、隔板材料具有不同的声音衰减能力，所以本研究模拟了不同隔板衰减能力下的声音传播情况。

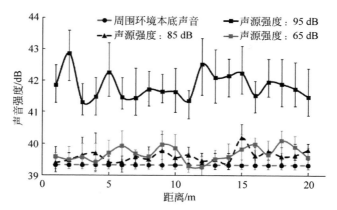

图 3.28　相同楼层间不同声源强度下声音大小随距离的衰减情况

（4）实验组 4：室外环境下的声音衰减测量

实验组 4 研究了室外人员疏散时造成的声音对室内人的影响。在突发事件发生后，某一栋楼中没有人知道灾害信息的情况下，该楼中人员不可能根据实验组 2 或实验组 3 中的情况，从同层或者相邻楼层通过听觉获取信息。但是，由于其他楼中有人已经获取到灾害信息并且实施疏散，疏散者在室外道路上会产生一定的噪声，从而其他建筑物中听见噪声的人可能会跟随疏散。所以，研究室外人员疏散声音对室内人的影响非常重要，这也是连接不同建筑物之间唯一的信息通道。

图 3.29 显示了室外不同声源强度下声音大小随距离的变化情况。本实验组中依旧设置了 3 种不同的声源强度：黑色实线表示声源强度 65 dB，黑色虚线表示 85 dB，灰色实线则表示 95 dB。根据实验组 4 的数据结果，当距离增加时，接收端声音逐渐减小。并且，刚开始时声音随距离衰减幅度较大，随后衰减幅度变小。与建筑物内部相比，由于室外的复杂结构较少，因此整体误差很小，数据波动不大。

将图 3.29 中的实验测量点用曲线拟合，结果表明 3 种不同声源强度下的声音大小随距离衰减的规律可用式（3-41）表示。3 条曲线的相关性系数 R^2 分别为 0.9407、0.9870 和 0.9836。

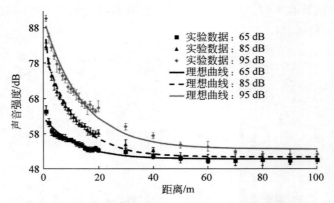

图 3.29　室外不同声源强度下声音大小随距离的变化情况

$$S = \begin{cases} 11.88 \times 1.090^{-d}, & S_s = 65 \\ 31.14 \times 1.094^{-d}, & S_s = 85 \\ 37.39 \times 1.075^{-d}, & S_s = 95 \end{cases} \quad (3\text{-}41)$$

（5）实验组 5：门的阻挡对声音衰减的影响

实验组 5 研究了不同材料、不同厚度的门对声音衰减的影响。本研究中以最常用的门材料——木头及玻璃进行了实验。图 3.30 为实验设置情况。本研究对 41.5 mm 厚的木门和 15.0 mm 厚的玻璃门开展了声音衰减实验。

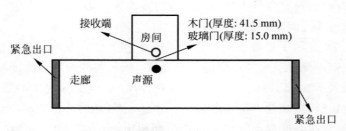

图 3.30　不同材质、厚度的门对声音衰减的影响实验设置

表 3.7 和表 3.8 分别为不同声源强度下，声音通过木门及玻璃门的衰减情况。可见玻璃门对声音的阻挡作用远大于木门。厚度为 15.0 mm 的玻璃门对声音的平均阻挡为 27~28 dB，而厚度为 41.0 mm 的木门对声音的阻挡作用仅为 15~18 dB。

表 3.7　不同声源强度下声音通过木门的衰减情况

组别	声源强度/dB	接收端声音强度/dB	声音衰减/dB
1	105.37	87.95	17.42
2	100.94	85.63	15.31
3	95.46	79.00	16.46
4	88.04	70.33	17.71
5	79.08	62.30	16.78
6	70.56	53.56	17.00
7	60.30	44.98	15.32

表 3.8　不同声源强度下声音通过玻璃门的衰减情况

组别	声源强度/dB	接收端声音强度/dB	声音衰减/dB
1	98.64	70.81	27.83
2	98.09	70.12	27.97
3	96.19	68.45	27.74
4	91.31	64.03	27.28
5	80.20	54.14	26.06

对两表中数据进行分析发现，41.5 mm 厚的木门与 15.0 mm 厚的玻璃门对声音的衰减作用可用式(3-42)表示：

$$S = \begin{cases} S_s - 16.57, & 木门 \\ S_s - 27.38, & 玻璃门 \end{cases} \tag{3-42}$$

3.4.3　人际间信息自获取参数分析

在信息自获取环节中，很多因素都会对信息获取造成影响。本研究主要考虑了人员平均高度、平均疏散速度、人员视力、人对疏散者的好奇心(影响跟随疏散的概率)、疏散中的呼喊情况、人员相信信息的概率、窗户的尺寸与位置、楼层高度、环境本底声音、房门导致的声音衰减、楼层间隔板导致的声音衰减、初始信息携带者数量共 12 个影响因子。下面对各影响因子进行较为详细的介绍。

(1) 人员平均高度

身高会影响通过窗户观察外面的视野范围，从而影响人员看到道路上疏散者的概率。较高的人更容易获取疏散信息，因为他们拥有更广阔的视野，看到道路上疏散者的机会更大。本研究定义人的平均高度为眼睛距地面的高度,设定为 1.7 m,而 1.7 m 的身高设定也最经常被用于疏散研究[107]。

（2）平均疏散速度

在疏散过程中,疏散者的疏散速度直接决定了疏散时间和疏散效率。但疏散速度不等于人的跑步速度,因为在突发事件下,北京市的超高人口密度会导致人员拥堵,从而导致疏散速度大幅下降。参考大多数疏散模拟中对疏散速度的取值[108],本研究将平均疏散速度定义为 1.2 m/s。

（3）人员视力

不同的人拥有不同的视力,而视力会直接影响人的观察范围,从而影响其看到室外疏散者的概率。本研究假定人的平均视力为 5.0。

（4）人对疏散者的好奇心

当疏散者看到有人进行疏散或进行类疏散的运动时,会产生好奇心。而越多的人疏散,观察者越会产生好奇心,从而有越大的可能性跟随疏散。本研究收集了近 100 个人的好奇心阈值数据,分析了不同疏散者数量对观察者跟随疏散的概率关系,如图 3.22 所示。

（5）疏散中的呼喊情况

当人员获取到信息并开始疏散时,疏散者可以选择是否在疏散过程中进行呼喊。如果自己完全确认信息,并且也愿意呼喊,则其疏散过程会伴随着喊声,从而加大疏散造成的声音,帮助其他人获取到疏散信息,从而跟随疏散。但是如果疏散者不完全确信灾害信息,或者在疏散过程中不愿意呼喊,则声音只能通过疏散时的脚步发出。由于声音较小,则让其他人注意到的概率会大大降低。

（6）人员相信信息的概率

当信息携带者通过口头向其他人传播信息时,信息受众有一定的概率相信信息。而信息相信概率直接决定了信息传播效率。

（7）窗户的尺寸与位置

本研究中假设窗户坐落在整面墙的中央（水平方向）,并且定义窗户的宽度为 1.8 m,高度为 1.5 m,窗台的高度为 1.0 m。窗户的尺寸和位置影响观看者看到外面道路以及道路上疏散者的概率,从而影响了人员信息自获取的概率。

（8）楼层高度

楼层高度决定了某层楼的人与外面特定道路之间的距离。楼层越高,处于大楼中的人越会有较大的视野范围。但是高层人员不易获取信息,一是由于离地面较远,声音很难传播至高层;二是由高层观察道路会不清晰;三是较高楼层的观察者需要距离窗户较近时,才能看到地面的道路。本研究中层高设为 2.7 m,而这个高度也经常在模拟中被运用[109]。

（9）环境本底声音

周围环境本底声音主要来自各种车辆、机器、人类活动、空气流动以及一些其他相关因素。在吵闹的环境下,环境本底声音大,信息未知者不易听见疏散者疏散时的声音,因此高强度的环境本底声音不利于信息的接收。本研究中通过移动测声仪测量了室内和室外的本底声音。

（10）房门导致的声音衰减

当疏散者疏散时,在房间门关闭的情况下,其呼喊及踩踏的声音会随着走廊穿过门板,传播到房间内部。门板会对声音起到阻碍作用。在表 3.7及表 3.8 中,测量了不同材质、厚度的门对声音的阻碍作用。本研究根据实验数据,选用木门为例,定义门对声音的阻碍作用为 16.6 dB。

（11）楼层间隔板导致的声音衰减

当疏散者在走廊疏散时,其呼喊及踩踏的声音会穿过楼层间的隔板,传到相邻楼层的房间中。但是由于楼房的结构互不相同,隔板材质也不一样,所以楼层间隔板对声音的阻碍能力也不相同。本研究根据测试结果,设置楼层间隔板对声音的衰减作用分别为 30 dB、50 dB 及 70 dB。

（12）初始信息携带者数量

受灾区域人员获取信息后,信息不可能在第一时间传播给受灾区域内的每一个人,所以初始信息携带者数量在很大程度上决定了疏散信息的传播速度。由于人际间信息自获取存在很强的距离限制,信息不可能很快速地传播到较远的地方,如果信息携带者数量较多,能大大减少整体信息的传播时间。本研究中将初始信息携带者数量设置为 2～50 个不等,分析不同初始信息携带者数量对信息传播的影响。

本研究在模拟中,为 12 个影响因子设置了标准值,具体值可参考表 3.9。以下在不说明参数值的情况下,均参考此标准值。

表 3.9　各参数的标准值设置

影响因素	数值	影响因素	数值
人员平均高度	170 cm	窗户的尺寸	1.8 m×1.5 m;窗台高1.0 m
平均疏散速度	1.2 m/s	楼层高度	2.7 m

续表

影响因素	数值	影响因素	数值
人员视力	5.0	环境本底声音强度	40 dB
好奇心阈值	见图 3.26	房门对声音的阻碍作用	16.6 dB
呼喊情况	是	楼层间隔板对声音的阻碍作用	50 dB
信息相信概率	50%	初始信息携带者数量	2

3.4.4　人际间信息自获取效率分析

本节运用 Dijkstra 最短路径算法[110]对人员疏散路径进行计算,而信息传播方面的所有参数与公式均来自在前述实验以及真实数据基础上得到的模拟数据。主要对区域疏散模拟进行分析,并对不同影响因子的敏感性进行研究。敏感性分析主要包括以下 7 个因素:门的开闭状态、不同楼层间隔板的阻碍作用、环境本底声音、初始信息携带者人数、疏散过程中是否呼喊、好奇心阈值、信息相信概率。

（1）研究区域楼内的信息自获取与人员疏散情况

当居民获取到灾害信息后,若需进行疏散,他们会离开所在的房间,通过楼房当层的紧急出口,跑至建筑物出口,经过疏散路线,到达应急避难场所。图 3.31 为研究区域不同时间下不同建筑物内的信息自获取情况,图中,楼房的颜色表示该楼房内当前人数与初始数量的比值,用 P_{pb} 表示。红色代表没有人逃出楼中,而蓝色代表所有人都已疏散出楼房。图 3.31(a)显示,在信息开始传播 10 min 之后,大部分房屋都呈现红色或者橘红色,少部分呈现黄色,根据图例可知,大部分房屋中人员都还未能疏散出楼房。15 min 后,部分房屋呈现淡蓝色,部分房屋呈现黄色及橙色,与 10 min 时有较大差距。说明在标准情况下,大多数人员均在 10~15 min 逃离该楼房。而图 3.31(c)为信息传播 20 min 后的情况,除了少部分房屋呈现黄绿色及黄色外,其他房屋呈现蓝色及淡蓝色。经过分析发现,此时除了一些人员极多的高层工作楼房(写字楼)外,其他人员都已经成功跑离楼房。如图 3.31(d)所示,30 min 后,基本所有人都逃离出建筑物。综上所述,人员集中疏散时间为 10~15 min。由于疏散时间过于集中,过密的疏散人口会导致极大的人员拥堵,需结合疏散实时优化(参照 4.4.4 节)才可以改善此问题,从而使疏散人员安全快捷地到达应急避难所。

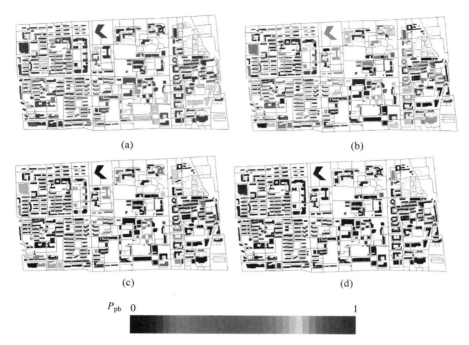

图 3.31　研究区域不同时间下不同建筑物内的信息自获取情况（见文前彩图）

(a) 10 min；(b) 15 min；(c) 20 min；(d) 30 min

（2）门的开闭状态及疏散者呼喊情况对信息自获取的影响

信息未知者在疏散过程中有概率通过疏散者的呼喊或者脚步声获取疏散信息。图 3.32 为不同门的开闭状态及疏散者呼喊情况下，建筑物内人数及信息未知者人数（虚线）随时间的变化情况。

通过图 3.32 中方形标识线可知，在门打开且疏散者呼喊的情况下，人员获取信息的速度最快，大约 15 min 就可以保证几乎所有人都获取到疏散信息。而 35 min 后，几乎所有人都可以逃离建筑物。获取信息到逃离楼房的时间，主要由楼层高决定，所以高楼不利于疏散。通过三角标识线和菱形标识线可以发现，疏散中呼喊比门打开更利于信息的传播。说明门的开闭情况对信息获取的影响小于疏散中呼喊情况的影响。圆形标记曲线为不仅门关闭，而且疏散者在疏散过程中不进行呼喊的情况，该情况下的信息传播速度最慢。相比最快的传播情况（正方形标识线），几乎所有人都获取到信息的时间从 15 min 延迟到了 25 min。而在灾害中，10 min 往往可能会决定成千上万人的性命。由结果还可以知道，如果办公室的门经常保持打开的状态,并且告知所有人在获得灾害信息进行疏散的情况下应呼喊,则可帮助其他人获取疏散信息,从而对整体的信息传播起到非常好的协助作用。

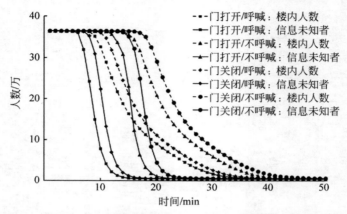

图 3.32　门的开闭状态及疏散者的呼喊情况对信息自获取的影响

（3）楼层间隔板导致的不同声音衰减度对信息自获取情况的影响

图 3.33 为楼层间隔板导致的不同声音衰减对信息自获取的影响。可见,楼层间的声音衰减越小,越有利于信息的传播。黑色正方形标识表示楼层间声音衰减 30 dB 时的传播情况。大约 7 min 时,将近半数人得到了消息。相比声音衰减 30 dB,在声音衰减 50 dB 时(黑色三角形标识),虽然声音衰减增加了 20 dB,但是信息传播速度仅比 30 dB 时慢一点。然而,当声音衰减增加到 70 dB 时,其声音传播效率基本为 30 dB 时的 1/2。这是因为,较大的声音衰减基本阻断了从相邻楼层获取信息的可能,这会大大影响信息自获取的速度。故隔音较好的建筑不利于人际间的信息自传播。

（4）不同环境本底声音对信息自获取的影响

图 3.34 为不同环境本底声音对信息自获取的影响。可见,较低的环境本底声音对疏散信息传播的干扰更小,有利于信息的传播。正方形标识曲线为 30 dB 环境本底声音下的信息自获取情况,12 min 后超过 95% 的人可获取到信息。而随着环境本底声音的增大,信息获取速度变慢,但是变慢幅度降低。超过 95% 的人获取信息的时间从 30 dB 下的 12 min,增长到 40 dB 下的 16 min,再到 50 dB 下的 18 min,最终到 60 dB 下的 19 min。所以,在紧急情况下,减少环境噪声,如停止机器运行等,可在一定程度上增加信息传播的速度。

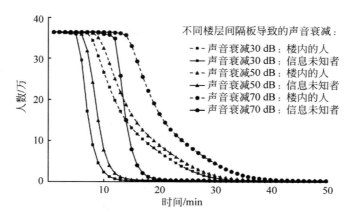

图 3.33　楼层间隔板导致的不同声音衰减对信息自获取的影响

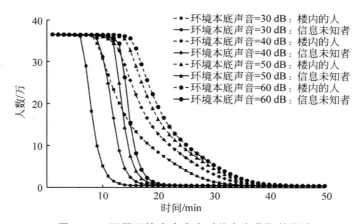

图 3.34　不同环境本底声音对信息自获取的影响

（5）不同初始信息携带者数量对信息自获取的影响

图 3.35 为不同初始信息携带者数量对信息自获取的影响。总体来说，较多的初始信息携带者数量能大幅提高信息传播速率。黑线为仅有 1 个初始信息携带者的信息传播情况，信息要花费将近 25 min 才能传播给研究区域中的每一个人。而且由于距离限制，该人出现在受灾区域的位置会对整体的传播速度造成很大影响。黑色三角形标识为初始传播者数量为 2 的情况，可见，较 1 位初始信息携带者的情况，传播速度几乎提高了 1 倍。但对于研究区域的范围，两个初始传播者显然是不够的。将信息携带者数量提升至 10（黑色菱形标识），传播速度虽然有所上升，但上升幅度与从 1 提升

到 2 相比要小很多,说明 10 个信息携带者数量已经较为饱和。最后,通过 50 个初始信息携带者数量下的信息传播曲线(黑色正方形标识)可发现,除了信息传播刚开始 5 min 的传播速度有明显增加外,对总体传播速度的影响不大。这是由于研究区域的范围较小,10 个随机分布的初始信息携带者已有足够能力带动周围的人,达到信息传播的目的。

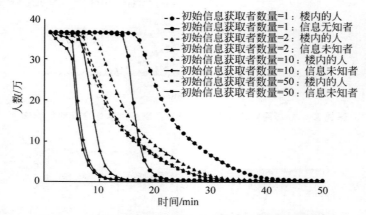

图 3.35　不同初始信息携带者数量对信息自获取的影响

（6）不同人员好奇心阈值对信息自获取的影响

图 3.36 反映了不同人员好奇心阈值对信息自获取的影响。好奇心阈值为当观察者发现道路上有多少个疏散者同时疏散时,会选择跟从疏散。人员好奇心阈值为 0 说明只要路上有人疏散,自己就会选择跟从疏散。这

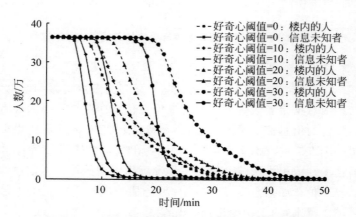

图 3.36　不同人员好奇心阈值对信息自获取的影响

种情况下,人员对疏散者极为敏感,信息传播速度也相对较快。当好奇心阈值上升至 30 时,即人员需看到 30 个人疏散后才会跟从疏散,传播速度较好奇心阈值为 0 的情况慢了两倍左右。定量分析传播速度,在好奇心阈值为 0 的情况下,信息传播至 95％的人需要 11 min;阈值为 10 的情况下,需要 13 min;阈值为 20 时,需要 16 min;阈值为 30 时,需要 24 min。但是,较小的好奇心阈值会导致谣言的轻易传播,即如果人员碰到信息就选择跟从,则容易产生不良影响。较高的好奇心阈值会导致信息传播速度减慢,所以依靠疏散训练和灾害知识教育,培养居民根据不同情况调节自身的好奇心阈值可以有效协助灾害情况下的信息获取。

（7）不同信息相信概率对信息自获取的影响

人员对信息相信的概率与个人属性相关。当人员从其他疏散者获取到疏散信息后,会对疏散信息进行判断,确定信息真伪,从而决定自己是否应该跟从疏散。图 3.37 为不同信息相信概率对信息自获取的影响。当信息相信概率为 100％及在所有人获取到灾害信息且都选择相信,并进行疏散的情况下,信息传播速度很快。当信息相信概率降至 50％,且信息受众从两个不同信息源获取到相同信息时,相信概率则为 $[1-(50％)^2]=75％$。同理,从 N 个不同信息源获取到相同信息时,相信概率则为 $[1-(50％)^N]$。在这种情况下,信息传播速度也比较快。但是当相信概率降至 20％时,信息传播速度受到严重影响。20％信息相信概率的情况下,信息覆盖 95％的人所需的时间为 31 min,相较于 100％的信息相信概率下的 9 min,传播速度下降了 3 倍多。根据 50 min 后最终覆盖人数的数据(由

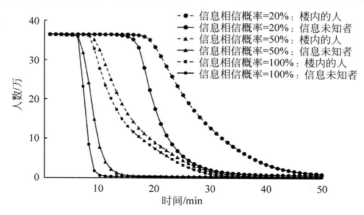

图 3.37　不同信息相信概率对信息自获取的影响

图 3.37 右下角可知），不同的信息相信概率不仅影响信息传播速度，同时也会影响最终信息覆盖率。所以，多进行灾害的相关教育，加强个人对灾害的认知，从而提升主观判断力，提升对正确信息的相信概率，有助于灾害下的信息获取。

3.5　本章小结

本章首先考虑了在大型灾害中的信息网络全部瘫痪的情况下，利用口头传播进行灾害信息传播的过程，并根据人口密度分布以及口头传播实验数据，对北京市范围内的口头传播进行了模拟。结果表明，口头传播的速度极慢（根据模拟，整个北京市的口头传播需要近 10 天），并且传播效率取决于人口密度，即在人口密度高的城区，传播速度快，而在人口密度低的郊区，传播速度慢且极易被终止。

口头传播模型建立完毕后，考虑到灾害后谣言极易产生，并且谣言的主要传播途径为口头传播，故本章将口头传播应用于灾后谣言扩散当中，改进了以往谣言传播模型状态量较少的缺陷，建立了八状态 ICSAR 谣言扩散模型，考虑了信息无知者、谣言提倡者、谣言携带者、谣言传播者、辟谣信息提倡者、辟谣信息携带者、辟谣信息传播者、移动者共 8 种人员状态，同时也考虑了包括信息吸引度、信息客观可识别度、人员主观判断力、信息媒介可信度等在内的共 12 个影响因素，并结合基于北京市公共交通数据的人员流动情况，利用 SIR、计算机模拟及微博真实数据对模型进行验证，对北京市的灾后谣言传播情况进行了分析。模拟结果显示，北京市城区的人员主观判断力大于郊区，东南部大于西北部。而在谣言扩散过程中，一般在第 2 天、第 3 天达到爆发期，并于第 6 天、第 7 天基本消失。在谣言扩散过程中，由于谣言携带者为人，故谣言传播的风险分布与人员流动完全相关。通过分析发现，大型地铁站及公交站附近为谣言风险较大的区域，在这些区域进行辟谣，可以更有效地阻止谣言的传播。除了口头传播外，网站对谣言传播规模影响最大，而办公室中的交流为谣言传播的最主要场所。较高的政府辟谣信息覆盖率可以有效降低谣言扩散规模，并加快谣言消失时间。较低的辟谣信息发布阈值，也能有效地在早期遏制谣言，从而达到阻止谣言大规模传播的目的。

考虑在突发事件发生时，由于时间紧迫未能进行信息传播的情况，本章还研究了受灾人员通过视觉及听觉的疏散信息自获取模型。主要考虑了房间内、楼道中、相邻楼层和建筑物外的声音传播及视觉信息的传播,受灾者获取到信息以后,根据自身的判断,决定是否跟从疏散。利用实验对各情况下的声音衰减程度进行测量,考虑人员平均高度、平均疏散速度、视力、好奇心阈值、疏散中的呼喊情况、人员相信信息概率、窗户尺寸、楼层高度、环境本底声音、房门声音衰减、楼层隔板声音衰减及初始信息携带者数量共 12个因素对灾害下的人际间信息自获取的影响。分析发现,门的开闭情况以及疏散者在疏散过程中的呼喊情况对疏散信息传播的效率影响很大。同时,较低的楼层间隔板声音衰减、环境本底声音、好奇心阈值以及较高的初始信息获取数量、信息相信概率都会促进灾害下的信息自获取概率。

　　本章的研究成果为政府的辟谣过程及紧急情况下的疏散过程提供了强有力的依据与科技支撑。

第 4 章　考虑人员时空分布的广播车
预警信息发布模型研究

4.1　概　　述

人口密度、年龄、民族、健康状况和其他一些相关因素都会影响疏散的具体方案[111]。在上述因素中,人口密度是最重要的一项,尤其在疏散过程中,高人口密度会加大疏散的难度[112]。故动态人员密度分布和有效的灾前预警信息发布都对灾害下人员伤亡及财产损失的减少起着重要作用。

在灾害发生前,一个有效的早期预警对减少灾害损失起着决定性的作用[113]。同时,有效的早期预警也能够提升疏散的安全性[114]。在 2004 年印度洋大海啸中,如果能建立一个较为完善的海岸海啸监测预警系统,较早地发出预警信息,千余人的性命就可以被拯救[4]。目前,信息传播媒介分为两类,一类以网络为基础,如电视、收音机、电话、短信等[115-116],另一种为不依靠网络的媒体,如广播车、固定喇叭等[117]。这些信息传播媒介为地震、台风、海啸等大型灾害的预警提供了非常有效的帮助。

考虑不依靠网络的传播媒介往往在大型灾害中能更加稳定地工作,并且具有较高的媒介可信度,故能保证更多的人接收到信息。本研究以广播车为例,研究了该传播媒介在灾害中的信息传播效果。另外,固定喇叭在疏散中可以起到实时引导的作用,能使疏散者有效避开人员拥堵[118],大大减少拥堵踩踏的情况,减小生命财产损失[119]。本研究结合固定喇叭及广播车,对信息传播及人员疏散进行了综合分析。

近些年,针对疏散的研究多集中在超高层建筑物内的小规模疏散[120-121]或城区间的大规模交通疏散上[122-123]。空间人口分布与疏散也被更多地重视[124],但是随时间变化的人口分布往往被忽略。

本研究以北京市作为研究对象。由于北京市具有非常高的人口密度,故北京地区的灾害预警信息发布及疏散研究更为重要。本研究考虑了时空人员密度分布,对北京市的人员脆弱性进行了详细分析。首先,通过对人口密度、建筑物高度、建筑物种类和人员属性的研究,对人员脆弱性进行分析。其次,利用广播车作为信息传播源,研究并建立灾害信息传播模型与广播车道路优化算法,找出广播车进行信息传播的优化路径。根据不同时间段,不同广播车数量,不同车速以及不同广播半径,共模拟了 81 个案例。通过模拟,得到动态人口分布图,同时通过信息传播与人员疏散,模拟计算了人员拥堵情况。本研究以疏散软件 STEPS 作为疏散模拟的工具[125],根据模拟情况,建立优化的人员疏散方案。本研究结果对提高疏散效率,减小灾害损失及死亡率有着重要的作用。

4.2　人员时空分布

由于广播车的传播半径较小,本研究以北京市中关村地区为例,进行信息传播的模拟分析。

中关村坐落在北京城区的西北部,隶属海淀区,是中国第一个国际级高新技术产业开发区,也是北京市最繁华的电子商业街。同时,中关村具有极高的人口密度,包含了商业区、居住区等各类建筑类型区,使中关村地区的安全应受到极大的关注。

中关村街道占地 $6.23\ \mathrm{km^2}$,居民人数超 16 万,人口密度达 26 000 人/$\mathrm{km^2}$。中关村地区也有其特殊性,白天是繁华的电子商业街,人口密度很大,而夜里人口密度则会大大降低。本节中人口密度、年龄、失业率、建筑物高度以及建筑物面积的相关数据,均来自 2010 年北京市人口普查资料[75]以及北京市测绘局。

研究区域内有超过 1000 座的建筑物,被分为以下 12 个建筑物种类,分别是居住型建筑、商店、办公建筑、宿舍、饭店、医院、商住两用房、教学楼、娱乐中心、宾馆、无人区(车库、仓库等)和其他(体育馆、教堂、博物馆等)。图 4.1 为本书简化的中关村区域的建筑物类型分布图,可以看出同样类型的建筑物有明显的区域化特征。

图 4.1 中红色部分较多,这恰恰说明中关村地区是以商业办公为主的区域;图中蓝色的部分为居住区,通过居住区的分布可以发现,中关村居民也较多,并且具有集中性,即居民区之间比较聚集,在真正遇到灾害的情况下,过高的人口密度将会产生非常不利的影响;黄色部分为学校及幼儿园,图 4.1 中也有很多黄色部分,说明中关村也是各大高校、学校、幼儿园的聚集区;图中的黑色方框区域为本节研究中广播车信息传播研究区,该研究

区包括建筑物 425 个,在之后的信息传播过程研究中,本书使用被通知到的建筑物数量来衡量信息传播的效率。

本研究中不同建筑物类型中的人口密度参照了美国消防协会 101 规章[126],如表 1 所示。根据表 4.1 中的标准人口密度分布情况,结合北京地区的现实情况,可以得到研究区中各建筑物内的人口密度。

本研究中,基于以下假设,对人员密度进行了评估。

假设 1:办公时间(8 时 30 分至 12 时;13 时至 17 时 30 分)

所有超过 65 岁的老年人、小于 5 岁的小孩以及无业者在办公时间均待在家中,而宿舍和宾馆在办公时间无人居住。

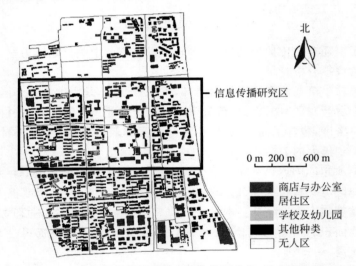

图 4.1　简化的中关村区域建筑物类型分布(见文前彩图)

表 4.1　不同建筑物类型中的人口密度

建筑物类型	密度/(人/m²)	建筑物类型	密度/(人/m²)
居民楼	35.8	购物区一层	2.8
购物区高层	3.7	办公建筑物	4.6
宿舍	11.6	饭店	1.25
医院走廊	11.1	医院病房	22.3
教学楼	1.9	娱乐中心	1.0
宾馆	18.6	其他建筑物	4.6

假设 2:傍晚(19 时 30 分至 22 时 30 分)

傍晚时段,假设 2/3 的人待在家中或宾馆,1/3 的人在户外从事其他活动。办公室在傍晚没有人。饭店中有 1/4 的人。宿舍中,考虑到学生晚自习及上课,认为宿舍中有 1/2 的人在宿舍里。

假设 3:夜里(23—7 时)

所有的人都待在家中,宿舍或者宾馆。

假设 4:其他假设

商场的人口密度在白天和傍晚被认为基本保持不变[127]。

本书在人员密度分析中,提出了楼层相对人口密度的概念。楼层相对人口密度(Den_f)指建筑物占地面积的平均人口密度。它综合考虑了建筑物和人员参数,能反映不同建筑物楼层对相对人口密度的影响。如式(4-1)所示:

$$Den_f = \frac{Den}{NO._{floor}} \qquad (4-1)$$

其中,Den 是建筑物内部每层的人口密度(单位:人/m^2);$NO._{floor}$ 是建筑物层数。

本研究中,楼层相对人口密度是一个重要参考因素。

图 4.2 为简化的中关村区域不同时间段人口密度分布,可见在白天办公时间,许多办公用建筑具有很高的人口密度,并且在办公时间,幼儿园及学校都有着很大的人员密度。另外,由于层数高的建筑物内的人口较多,故高层建筑相对人口密度较大。夜里,由于人们都回到了各自的住宿区域,人口密度比白天大大降低,故夜里人口密度普遍较低,并且分布与白天大不相

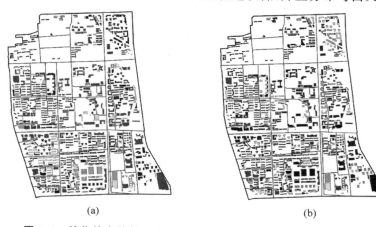

(a) (b)

图 4.2　简化的中关村区域不同时间段人口密度分布(见文前彩图)

(a) 办公时间;(b) 傍晚;(c) 夜里

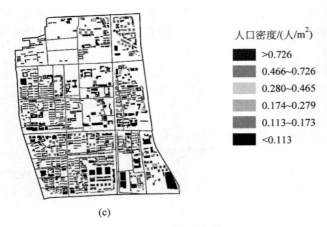

人口密度/(人/m²)
■ >0.726
■ 0.466~0.726
■ 0.280~0.465
■ 0.174~0.279
■ 0.113~0.173
■ <0.113

(c)

图 4.2（续）

同。上述高人口密度区域都应该被给予更多的关注。

4.3　考虑时空动态人员分布的广播车灾害信息发布模型研究

4.3.1　参数分析与设定

不同的灾害信息传播方法会导致不同的人员信息接收情况。本研究以广播车信息传播为例，考虑了不同时间段、广播车声音传播半径、车速和车辆数 4 个影响因素。各影响因素具体介绍如下。

（1）时间段

不同时间段进行疏散，疏散结果差别显著。在 2 km² 的研究区域中，我们的疏散模型认为夜里所有人都回到家中，而白天均正常外出办公，故夜间研究区域中的总人数约为 6.5 万人，而白天办公时间约有 37 万人。这也说明了不同时间段，研究区域中人口数量与人口分布差异显著。所以不同时间段的信息传播与热源疏散方案也不应相同。本节设置了办公时间（8时 30 分至 12 时；13 时至 17 时 30 分）、傍晚（19 时 30 分至 22 时 30 分）和夜里（23—7 时）3 个时间段，对信息传播及人员疏散进行分析。

（2）声音传播半径

考虑在突发事件下，声音可能较为嘈杂，本研究定义 60 dB 的声音在该环境下可被清楚听见，信息源为点声源，由广播车喇叭发出，声音频率设置为 1000 Hz,声源强度设置为 120 dB。根据 GB/T 17247.2—1998《声学：户外声传播的衰减》[105],具体声音衰减计算如式(4-2)~式(4-7)所示。

声音总衰减量计算：

$$A = A_{div} + A_{atm} + A_{gr} + A_{bar} + A_{misc} \qquad (4\text{-}2)$$

其中,A_{div} 为由于几何发散而导致的声音衰减量；A_{atm} 为由于大气吸收而导致的声音衰减量；A_{gr} 为由于地面影响(反射、吸收)而导致的声音变化量；A_{bar} 为由于障碍物而导致的声音衰减量；A_{misc} 为由于其他影响而导致的声音衰减量。

① 由于几何发散导致的声音衰减量计算：

$$A_{div} = 20 \lg\left(\frac{d}{d_0}\right) + 11 \qquad (4\text{-}3)$$

其中,d 为真实距离；d_0 为参照距离,$d_0 = 1$ m。

② 由于大气吸收导致的声音衰减量计算：

$$A_{atm} = \frac{\alpha d}{1000} \qquad (4\text{-}4)$$

其中,α 为大气衰减系数。

参照 GB/T 17247.1—2000《声学：户外声传播衰减 第 1 部分：大气声吸收的计算》[106],在 20℃,50% 湿度,一个标准大气压情况下,大气衰减系数 α 为 4.66 dB/km。本研究在声音衰减计算中引用此值。

③ 由于地面影响导致的声音大小变化量计算

该变量为声源部分、声音接收端和声音传播过程中 3 个部分声音衰减量的加和(见式(4-5))。当声频为 1000 Hz 时,3 个分量可由式(4-6)及式(4-7)算得。

$$A_{gr} = A_s + A_r + A_m \qquad (4\text{-}5)$$

$$A_s = A_r = -1.5 + G d'(h) \qquad (4\text{-}6)$$

$$A_m = -3q(1 - G) \qquad (4\text{-}7)$$

其中,A_s 为声源部分的声音衰减；A_r 为声音接收终端的声音衰减；A_m 为声音传播中的声音衰减。

根据国标 GB/T 17247.2—1998[105],当 $d_p \leqslant 30(h_s + h_r)$ 时,系数 $q = 0$；当 $d_p > 30(h_s + h_r)$ 时,$q = 1 - \dfrac{30(h_s + h_r)}{d_p}$,其中 d_p 是投影到地平面上声源至接收点的距离,h_s 为声源高度,h_r 是接收点的高度。由于本书中接收点的距离很多是在高楼中,所以绝大多数情况下 $d_p \leqslant 30(h_s + h_r)$,故这

里认为 $q=0$。

④ 由于障碍及其他情况导致的声音衰减量

本研究忽略由于障碍物导致的声音衰减。在其他情况导致的声音衰减中,只考虑由房间的玻璃窗造成的声音衰减。根据 GB/T 8485—2002《建筑外窗空气声隔声性能分级及检测方法》[128],本研究中设定玻璃导致的声音衰减量 A_{bar} 为 27 dB。

由于本研究假设在突发事件下,60 dB 的声音可以被清晰听到,广播车声源强度设定为 120 dB,在不考虑广播车本身高度的情况下,则声音传播过程中的声音总衰减量 A 应小于 60 dB。结合式(4-2)～式(4-7),可算得广播车声音有效传播距离 d_{max} 为 54.5 m。

由于研究区域的平均建筑物层数为 6 层,每层的标准高度为 2.7 m,所以建筑物平均高度被设定为 16.2 m。通过勾股定理可算得,广播车有效水平传播距离为 52 m。本研究考虑到在突发事件发生时,环境噪声、疏散者紧张状态会导致疏散者因恐慌而无法清晰听见声音等影响因素,共设定了 40 m、50 m 和 60 m 这 3 种不同声音传播半径,并对 3 种情况分别进行了模拟分析。

(3) 广播车车速

灾害中的疏散情况很大程度上取决于信息获取的速度[129]。根据不同的路况、交通拥堵以及不同信息内容长度,本书考虑了 10 km/h、20 km/h 和 30 km/h 共 3 种车速情况下的信息传播情况。

(4) 广播车数量

广播车数量越多,传播需要的时间越少,这对减少灾害损失有很重要的作用[130]。为了不同的疏散需求,本节设定了 1、2、4 辆车进行信息传播。

4.3.2　广播车信息发布优化路径算法研究

为了将灾害信息传播至建筑物内部,广播车声音传播须大于其到建筑物的直线距离。若建筑物中人员想获取信息,则建筑物必须在该圆范围内。本研究将建筑物看作质点,以广播车为圆心,声音传播距离为半径。由于不同建筑物在不同时间段具有不同人口密度分布。故在不同时间段下,广播车传播信息路径也会随之变化。而最终目标是实现信息全面覆盖,故广播车应覆盖到有人的所有建筑物。由于较短的信息传播时间会大大减少人员伤亡及经济损失,所以广播车的路径优化研究非常重要。

本研究中广播车的车速被认为是恒定的,且忽略转弯时候消耗的时间。因此,最优路径即为可以通知到每一个目标建筑物的最短路径。忽略信息发布时长,认为广播车只要进入建筑物的目标圆中,该建筑物中的人员就可

以接收到信息。随后,广播车就会寻找下一个目标建筑进行通知。如果有
N 座建筑物,那么最优路径应该被分为 N 段,而每段的端点都应该在目标
圆的边界上。考虑到广播车是在路上以及目标圆边界与道路的交点上(目
标交点)运动,所以广播车每次都会在道路交点或者目标交点间运动。

　　本研究中广播车的最优路径算法与 1954 年 Dantzig 提出的著名旅行
商问题非常相似[131]。在中关村中部的研究区域中,有超过 400 栋的目标
建筑。若利用穷举法对最优道路进行计算,会有超过 400! 即 6.4×10^{868}
种情况。故利用穷举法可以算出最优路径,但是耗时过长,超出可接受范
围,无法实现。Johnson 在 1997 年提出了贪婪算法[132]。贪婪算法指总是
去寻找离自己最近的目标为下一个目标节点,可大大减少了计算时间。但
是,贪婪算法得出的结果往往不能令人满意。故考虑到上述两种方法的不
足,本研究提出了一种基于穷举法及贪婪算法的路径优化方法。如图 4.3
所示,广播车基于声音传播半径,搜寻最近的几个目标交点或者路口,选择
几个目标节点和路口进行贪婪算法的计算,之后对每一种情况下贪婪算法
算得的总路程进行比较,选择最近的一种情况,然后广播车移动到该节点,
继续按上述步骤寻找下一个最优结点。通过这个方法,有效避免了大计算
量,长计算耗时的问题。本研究中称此方法为改进的范围性贪婪算法。

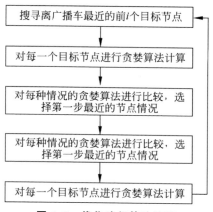

图 4.3　优化路径算法流程

　　这里对改进的范围性贪婪算法进行举例,如图 4.4 所示。广播车从 0
点出发,至路口 1 时,若利用传统的贪婪算法,则应先去 B,再去 A,那么将
会得到路径 0→1→B→A→C,而明显该路径并不是最优解。在图 4.3 中,
传统的贪婪算法中 t 为 1,若 t 取 2,则广播车会判断离自己最近的两个点
并进行比较,即比较首先去 B 和首先去 A 的路径,发现先去 A 的总路径要

更近。故第一步选择先去 A,最终,路径 0→1→A→B→C 被计算出。虽然改进的范围性贪婪算法不能成功计算出理论路径最优解,但是已经可以大大缩小结果与理论最优解间的差距。

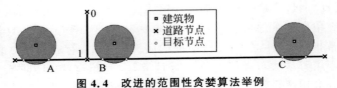

图 4.4　改进的范围性贪婪算法举例

4.3.3　广播车灾害信息发布模拟

本节主要研究了不同声音传播半径、广播车数量、车速、时间段下的信息发布情况。图 4.5 为不同声音传播半径下的信息传播情况。

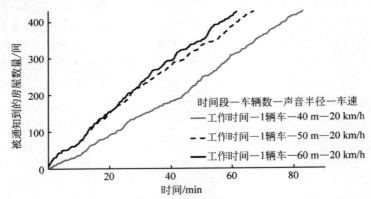

图 4.5　不同声音传播半径下的信息传播情况

本次模拟设定在办公时间,1 辆广播车,车速为 20 km/s,不同传播半径(40 m、50 m、60 m)下的信息传播情况。通过曲线可看出,广播车的信息传播增长曲线基本呈线性。其中灰色实线表示小传播半径,黑色实线表示长传播半径。可见,随着广播车声音传播半径的增加,信息传播速度也不断增加。在 40 m 传播半径的情况下,广播车通知到房屋中所有人员需要 83 min,而 50 m 传播半径的情况下,需要 67 min,当传播半径上升至 60 m 时,总传播时间降至 61 min。可见,提升传播半径虽然能降低传播时间,但降低的幅度会随着半径的增加而减小。在现实情况下,可加强声源强度,加大声音传播半径,但当传播源声音过大时,再继续提升传播源的强度非常困难。所以相关部门可以根据现实需要,确定传播源声音强度,从而确定广播车声音传播半径,进行信息传播。

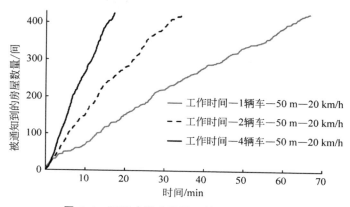

图 4.6　不同广播车数量下的信息传播情况

图 4.6 为不同广播车数量下的信息传播情况。本次模拟时间段设定为办公时间,而广播车声音传播半径设为 50 m,车速设为 20 km/h,研究了在 1、2、4 辆车 3 种情况下的信息传播,图 4.6 中分别用黑色实线、黑色虚线和灰色实线表示。可见,随着广播车数量的增加,传播速度基本呈倍数上升。1 辆广播车时,覆盖到所有建筑物需要 67 min,两辆广播车时,全覆盖时间降至 34.5 min,大约为 1 辆广播车时的 50%。而当广播车数量增至 4 辆时,全覆盖时间降至 17.3 min,约为 1 辆广播车时间的 25%。通过上述数据可知,在广播车数量小于或等于 4 辆时,数量与信息传播效率的关系为倍数关系。但是随着广播车数量的继续增加,对信息传播速度的影响会逐渐减小。并且在现实情况下,广播车较为昂贵,大量增加广播车数量是不可行的方法。所以,优化广播车路线可以在一定程度上弥补车辆数较少的不足。

图 4.7 为不同广播车速度下的信息传播情况。本次模拟设定在办公时间段,广播车数量设为 1 辆,声音传播半径设定为 50 m,研究了车速在 10 km/h、20 km/h、30 km/h 下的信息传播情况,图中分别用黑色实线,黑色虚线和灰色实线表示。随着车速的增加,信息传播速度按倍数增加。即 30 km/h 下的信息传播速度是 10 km/h 下传播速度的 3 倍。并且,由于行车路线是一样的,传播半径也是一样的,导致不同车速下被通知房屋数量增长曲线形状一致。但是在真实情况下,车速会受到道路本身属性及紧急情况下交通拥堵、人员拥堵等限制,导致在应急疏散情况下,若没有良好的交通疏导及政府指挥,很难保证广播车有一个较稳定的速度。另外,在不考虑多普勒效应的情况下,由于广播车速度过快,会导致经过每个建筑物的时间

减少,从而使居民听到该消息的时长变短,获取的信息量及信息获取概率也会相应减少,一定程度上影响了整体信息的传播。所以在突发事件下,相关机构应该根据具体情况,设定不同的车速。

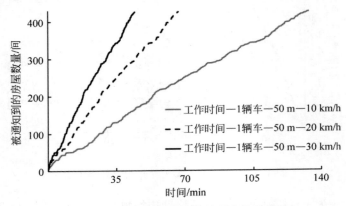

图 4.7　不同广播车速度下的信息传播情况

由于不同时间段并不影响建筑物分布情况,所以不会影响被通知到的房屋数量随时间的变化规律。但是,在不同时间段下,建筑物内的人数差异很大,导致信息覆盖人数随时间变化很大。由于本研究主要针对广播车的信息传播过程,故不对不同时间段下的信息接收情况做过多的分析。

4.4　广播车信息发布在人员疏散中的应用

本节将上述基于广播车的灾害预警信息发布模型运用到中关村研究区域的突发事件中,观察基于广播车预警信息发布的人员疏散情况。本研究利用 STEPS 疏散软件[133-134] 对人员疏散进行模拟。本节基于不同广播车数量、车速、广播声音传播半径及时间段共模拟了 81 个案例,各案例具体设置如表 4.2 所示。

根据表 4.2 所示,在 81 个信息发布与人员疏散模拟案例中,不同的参数包括 3 个时间段(办公时间、傍晚和夜里),3 个声音传播半径(40 m、50 m和 60 m),3 个广播车行驶速度(10 km/h、20 km/h 和 30 km/h)和 3 个广播车数量(1 辆、2 辆和 4 辆)。基于上述广播车路径优化方法,共生成了 27种不同的广播车路径。为了比较不同情况下的人员疏散结果。本研究共对5 个模拟组进行了分析。各模拟组设置参见表 4.3。

表 4.2　模拟案例列表

时间段	广播车参数		
	广播车辆数	声音传播半径/m	车速/(km/h)
办公时间(8 时 30 分至 17 时 30 分)	1	40	10
傍晚(19 时 30 分至 22 时 30 分)	2	50	20
夜里(23—7 时)	4	60	30

表 4.3　模拟组设置

模拟组序号 (案例数)	广播车参数			
	时间段	车辆数	声音传播半径/m	车速/(km/h)
1(3 个)	办公时间/傍晚/夜里	4	60	30
2(81 个)	办公时间/傍晚/夜里	1/2/4	40/50/60	10/20/30
3(27 个)	办公时间	1/2/4	40/50/60	10/20/30
4(27 个)	办公时间/傍晚/夜里	1/2/4	40/50/60	10/20/30
5(1 个)	办公时间	2	60	20

4.4.1　疏散者轨迹及应急避难所使用情况分析

　　本研究在模拟组 1 中,在办公时间、傍晚和夜里 3 个时间段里,设车辆数为 4,声音传播半径为 60 m,车速为 30 km/h,进行广播车信息传播,并对行人轨迹和进入疏散区的疏散者数量进行分析,如图 4.8 所示。图中不同的颜色反映了不同的人流次数。

　　本研究中用人流次数代表该网格(0.4 m×0.4 m)在整个疏散过程中通过的人次数(s·次),即该网格在整个疏散过程中共有多少时间(s)被占用。当人员拥堵严重时,疏散者在当次步长中没有相位上的移动,也会计一次人流次数。图 4.8 中,红色区域表示高密度人流,即很容易出现人员拥堵的情况。而蓝色区域的人流量就比较小。相比傍晚及夜里的疏散,办公时间的疏散拥堵情况就严重得多。图 4.8 中可见办公时间下有多条道路都被红色覆盖。尤其左上角的方形建筑,由于该建筑楼层较高、面积较大,并且为人员密度较大的办公场所,因此白天建筑物内人数众多。另外,广播车信息传播具有同一区域人员同时获取到灾害预警信息的特征,故该楼中所有办公者(5 万人左右)几乎在同一时间获取到灾害信息,同一时刻疏散,导致该建筑物周围道路的人流次数较大。

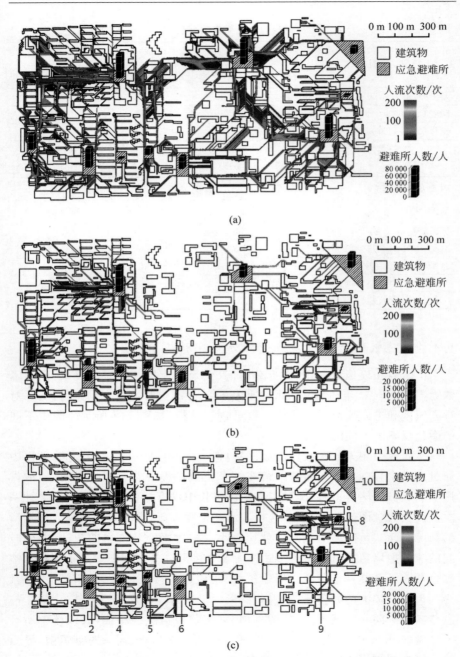

图 4.8 不同时间段人员疏散及避难所容纳情况分析(见文前彩图)

(a) 办公时间;(b) 傍晚;(c) 夜里

　　城市中的应急避难所数量也大大影响了平均人员疏散距离与疏散时间,这也对疏散结果有着直接的决定作用[135]。本研究根据研究区域建筑物分布,共设置了 10 个应急避难所,如图 4.8(c)所示。避难所最终容纳人数用黑色柱状图表示。根据疏散模拟结果,不同时间段的疏散区使用情况有着明显的差异。在夜里,3 号、9 号和 10 号应急避难所承担了 66% 的疏散量。而 1 号、3 号、7 号和 10 号避难所在傍晚时起的作用较大,承担了 64% 的疏散量。在办公时间中,2 号、3 号、9 号和 10 号疏散区承载了 67% 的疏散量。

　　故不同时间段下,由于人员分布不同,避难场所的承载人数也随着发生变化。通过图 4.8 可见,在所有时间段,研究区西北部都具有较高的脆弱性,而在办公时间,2 号、7 号和 9 号避难所附近也呈高脆弱性态势。对于这些区域,政府应给予更多关注。当然,通过比较各避难所的使用情况,也可以拆除一些用处较小的避难所,扩建一些避难所并打造一些新的避难所,从而提高疏散安全性与疏散速度。

4.4.2　信息传播时间及人员疏散分析

　　图 4.9 为模拟组 2,不同参数下的广播车信息发布及人员疏散时间分析,图中,柱的下半部分为广播车信息发布时间,在所有人都获取到信息之后,还要经历一段时间(柱的上半部分)进行人员疏散,而柱状图中柱的整体长度表示总疏散时间。其中纯色、斜线和网格柱分别代表 1 辆、2 辆、4 辆广播车的情况。

　　图 4.9(a)为办公时间下广播车信息传播时间及疏散时间随不同参数的变化图。随着车辆数的上升,信息传播及疏散时间均有下降。尤其是信息传播时间,基本与车辆数呈倍数反比。另外,随着声音传播半径的增大,信息传播时间会下降,但是下降幅度越来越小。而广播车车速的上升对信息传播时间的影响完全呈倍数关系。

　　对不同时间段下的结果进行对比后可发现,办公时间信息传播和疏散需要的总时间远大于夜里的时间。一方面,是由于夜里疏散者数量较少;另一方面,是由于人员密度分布,夜里的时候没有人的建筑物比较多,广播车不用通知该区域,故总路径缩短,加快了信息传播时间。

　　单从疏散时间看,同样情况下夜里的疏散时间最少,其次是傍晚,而办公时间下的疏散时间是最长的。这是因为,白天的办公时间疏散人数众多,白天的人员数量为夜里的 7 倍,故疏散时很容易造成大面积的人员拥堵。而

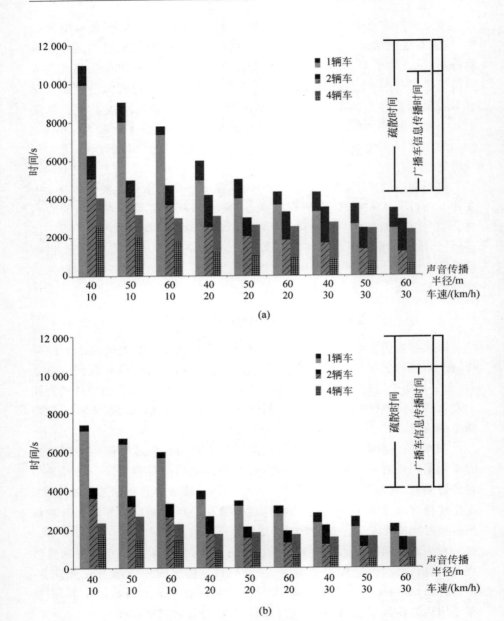

图 4.9　不同参数下广播车信息发布及人员疏散时间分析

（a）办公时间；（b）傍晚；（c）夜里

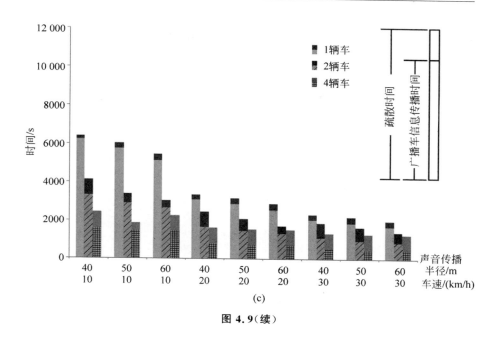

图 4.9(续)

夜里人员疏散不易造成人员拥堵,大大减少了人员疏散时间。

4.4.3 人员拥堵情况分析

本节在真实情况下,根据不同灾害的特点以及需要的疏散时间,确定出特定的疏散方案。图 4.10 为白天办公时间,疏散拥挤程度与广播车数量、车速和声音传播半径的关系图。

本研究用排队次数定义拥挤度,即人员拥挤次数的总和。由于人员疏散计算是基于网格的,人员拥挤被定义为在下一秒钟时,疏散者的位置没有发生变化[136]的情况。若在下一步长时,疏散者网格位置不变,则排队次数加 1。通过图 4.10 可见,办公时间里广播车车速、声音传播半径和广播车数量对人员拥挤程度的影响不明显。这是因为广播车的信息传播属于范围性信息发布,即物理区域上相邻比较近的区域会同一时间获取到信息,所以广播车数量对拥挤度影响不大。而声音传播半径及车速会导致人员拥挤程度小规模的上升。由图 4.10 中还可看出,白天办公时间疏散的排队次数可达上千万次,如此巨大的排队次数在真实情况下很可能会导致严重的踩踏事故。而由于本次模拟并没有给疏散者指出优化路线,只是一个自行疏散的模拟,故拥堵情况非常严重。

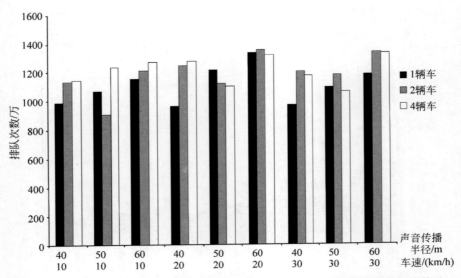

图 4.10　白天办公时间,疏散拥挤程度与广播车数量、车速和声音传播半径的关系

　　随着疏散者总数量的减少,车速及声音传播半径对人员拥挤情况的影响会更加剧烈。图 4.11 为夜间第 4 模拟组疏散时间与人员拥挤程度的关系。与白天办公时间相比,夜里人员疏散的排队次数大幅减少,这也说明夜里研究区域总人数较少,人员疏散的拥堵风险小,不易造成踩踏事故等。

　　图 4.11 中的每个点都包含了 1、2、4 辆不同广播车,而疏散时间和人员拥挤情况也是该 3 种情况下的平均值。如图 4.11 所示,人员拥挤程度随着疏散时间的增加逐渐减缓。根据此结果,政府可以调整疏散时间与人员拥挤程度的主次关系,根据不同情况需要的疏散时间,尽可能减小疏散拥堵情况,参照图 4.11,选择出最优点,制定面向不同灾害需求的相关疏散策略。根据信息长度,允许的疏散时间,交通情况和面向不同灾害下的人员疏散拥挤程度,制定出一套因灾制宜、因地制宜的疏散方案。

4.4.4　人员疏散优化分析

　　正如前文所得结论,在白天办公时间,广播车数量、车速和声音传播半径对疏散中人员拥挤程度的影响并不大,所以可以通过优化疏散者疏散路径缓解拥挤。

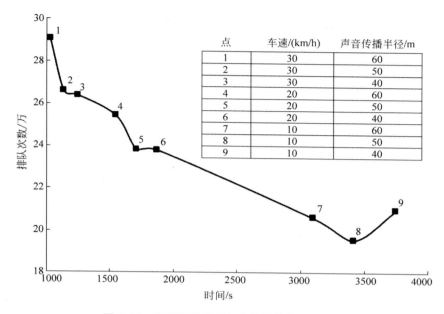

图 4.11　夜间疏散时间与人员拥挤程度的关系

图 4.12 为导致人员拥堵的 3 种不同情况,图 4.12(a)中显示疏散者从宽路向窄路疏散导致的人员拥挤,属于物理因素导致的拥挤。疏散中的这种现象一旦发生,很难被缓解。由于在人员疏散过程中,疏散者相对都较为急躁,当遇到道路较窄的情况时,都会尽力逃生,非常容易造成大面积的人员拥挤及踩踏[137]。而避免这种情况发生的最好办法即是在疏散前就做好相应的疏散计划,将窄道路的疏散进行分流。若在疏散前没有做好完备计划的情况下,可以利用固定喇叭实时指导疏散,达到分流的目的,从而避免人员拥堵。图 4.12(b)中显示建筑物转角导致的人员拥挤情况。这是由于疏散人员不知道转角另一面的情况,并且由于最近路径的思想,疏散者倾向贴着转角走,所以导致了转角的拥堵情况,这是物理与心理共同作用的结果。这种情况可以通过灾害发生前的疏散教育来避免。另外,同样也可利用固定喇叭在易造成人员拥堵处进行实时指导,缓解障碍物转角带来的人员拥堵。而在图 4.12(c)中,更多的疏散者会选择直观上看上去比较近且直的道路,避开远而弯的道路,从而导致了人员拥堵。由于疏散者视野范围较小,不能掌握疏散区域整体的人员分布情况,并且人在紧急情况下,都会

有走近路的思想,故导致情况(c)中的拥堵出现。这种拥堵情况是由疏散者的主观选择性造成的。但是在现实中,选择有点绕道的路往往可以大大避免人员拥挤,减少等待时间。此情况可通过灾前疏散演练以及灾害下实时疏散引导避免。

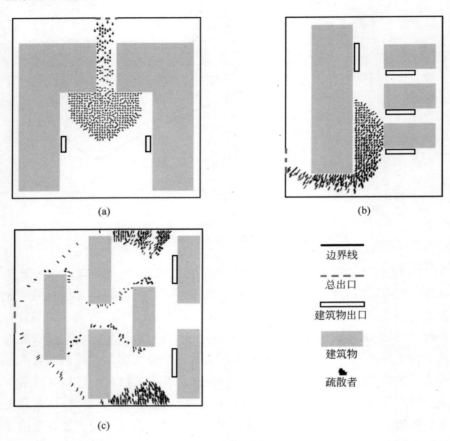

(a)　(b)

(c)

边界线

总出口

建筑物出口

建筑物

疏散者

图 4.12　人员拥堵的 3 种不同情况
(a) 道路狭窄;(b) 障碍物转角;(c) 人员选择

综上所述,上述 3 种拥堵情况都可以通过优化的疏散方案以及基于固定喇叭的政府实时疏散指导避免。可见,在灾害中进行实时信息传播,也可以在很大程度上挽救人员生命,减少相应损失。

通过上述分析,可以制定出一个更优的人员疏散计划,利用固定喇叭对疏散者进行实时通知,避免不必要的人员拥挤,使其更安全地进入疏散场所[138]。根据上述分析,本研究将固定喇叭设定在易发生人员拥堵的区域,实时引导疏散者避开人员拥堵。通过固定喇叭的引导,大量的疏散者可以被分流,从而有效避免出现拥堵问题。图 4.8(a)为白天办公时间下的人员疏散拥堵情况,图中可见拥堵情况非常明显。本节在图 4.8(a)的基础上,安装了 4 个固定喇叭,如图 4.13 所示。圆形区域表示固定喇叭声音传播范围,也设定为 50 m。在固定喇叭的传播范围内,当疏散者移动到该区域时,他们将会跟随喇叭中的信息指示,去往更好的道路进行疏散,避免不必要的人员拥挤。一些疏散者可能会因此选择一条更长的疏散道路,反而节省了疏散时间,同时减少了疏散时不必要的安全隐患。

　　以第 5 模拟组(办公时间,车速 20 km/h,60 m 的声音传播半径,两辆广播车)为例,图 4.13 显示出了固定喇叭优化前和优化后的人员拥挤程度比较结果。总排队次数从之前的超过 1300 万次降到了优化之后的不到 330 万次,仅为原来的四分之一。每秒排队次数峰从 16 000 次(表示有近 16 000 名疏散者在 1 s 内没有移动过)优化至 5000 次。至于一些不能通过固定喇叭优化的特殊脆弱性区域(如左上角方形建筑物周围),可以通过重建道路或者将阻挡疏散的建筑物进行整改来提高疏散效率。

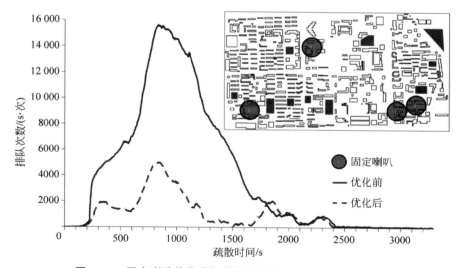

图 4.13　固定喇叭优化前与优化后的人员拥挤程度比较结果

4.5　本章小结

本章主要基于大型灾害中信息网络全部瘫痪的情况,利用稳定且移动性强的灾害信息传播源——广播车作为信息传播渠道,对研究区域的居民进行信息发布。研究以北京市中关村区域,400多座建筑物中的36万多人为研究对象。考虑不同类型建筑物及人口密度的真实分布,并根据不同时间段、广播车数量、车速及声音传播半径共81个研究案例对信息传播情况进行了分析。同时,基于贪婪算法与穷举法,建立了改进的范围性广播车优化路径算法,克服了传统贪婪算法结果不够优化以及穷举法耗时过长的不足。通过对不同条件下的传播情况进行分析,表明广播车的声音传播半径越大,信息发布效率越高,但当声音半径超过 50 m 后,继续提升半径的难度很大,并且效果提升不明显。而车速及车辆数对信息发布速度的影响基本上呈现倍数关系。但较多的车辆导致的花费较大,在真实情况下,政府或相关部门应该根据具体需求,确定具体方案。

广播车的信息传播可以用于灾害下人员疏散之上。利用广播车对研究区域进行疏散信息的发布,模拟出白天办公时间、傍晚及夜里这3个不同时间段下的人员疏散情况,发现白天由于研究区域的人口密度较大,人数众多,且广播车信息发布具有明显的区域性,即同一区域的人获取到疏散信息的时间基本相同,导致白天人员疏散会造成严重的拥堵。为了解决疏散中的拥堵,研究分析了不同拥堵原因,并在易拥堵区域,利用固定喇叭对人员进行实时疏导优化。通过拥挤程度的测量值(排队次数)数据发现,优化后的排队次数较优化前大大降低,峰值仅为优化前的四分之一。另外,通过不同影响因素对信息传播时间及人员疏散时间的影响发现,随着疏散者总数量的减少,车速及声音传播半径对于拥挤情况的影响会更加剧烈。

本研究结果结合真实情况,将有助于减少灾害损失,提升疏散安全性。该方法也可以辅助制定疏散计划。未来应考虑更多的影响因素,如疏散者的逆向流动和多信息传播路径共同传播等情况,从而对区域疏散进行更精确的评估与指导。

第 5 章　多途径灾害信息传播效率分析

5.1　概　　述

灾害发生时,单一的信息传播途径无法满足灾害下短时间内高信息覆盖率的需求[139]。多途径的信息传播也能大幅提高信息传播效率[140]。如何结合不同类型的传播媒介,将信息尽快传播给灾区中的每一个人,达到最优的传播效果值得被研究。但是在一个灾害发生后,政府监测需要时间,灾害信息的编译也需要准备时间,若一味追求多渠道信息发布,不仅会耗费过多的准备时间,同时也会耗费大量的人力、物力与财力。本章主要研究了如何在尽可能少数的信息传播媒介相结合的情况下,实现较优的信息传播效率。本研究结果能在很大程度上节省资源,节约时间,保证人员与财产安全。

本章共对 14 种信息媒介进行了研究,利用调查问卷(见附录)的真实数据,对不同媒介的可信度做了调查,并以北京市中关村区域为例,面向 36 万人,对多种媒介进行了传播效率分析。本章中还建立了一套媒体综合信息传播能力的评价体系,考虑了包括信息覆盖率、半数人相信信息的总时间、信息媒介使用频率、信息媒介可信度、总花费以及总使用时间共 6 个影响因素,以电话、短信、电视、收音机、报纸、网站、微博、邮件、口头及广播车共 10 种信息媒介为例,进行了综合传播能力分析,并用雷达图表示。

本章还对具有不同传播特征的信息媒介进行组合,并对不同组合下的信息传播效率进行分析(共分析了 4 对媒介组合:短信 & 收音机;短信 & 广播车;微信 & 微博;微信 & 网站),发现具有不同传播特征的媒介更能起到互相促进的作用。此外,以危化气体泄漏为例,本章建立了一套基于政府信息发布的信息传播体系。基于高斯烟羽气体扩散模型,考虑短信、微博、网站、电视 4 种信息媒介,对灾害决策信息进行传播。同时还考虑到由信息量过大或损坏导致的信息网瘫痪,可以利用广播车及人际间信息自传播进行灾害信息传播。案例模拟中,考虑了气体种类、气体泄漏速率、气体泄漏位置、平均风速、风向、信息获取时间、气体泄漏持续时间以及人的呼吸速率对人员安全的影响,对不同情况下的人员决策进行分析,并采纳灾区中每一位人员提出的最优化决策建议。上述研究的灾害信息传播机制及系统,可为政府实时决策提供强有力的支撑。

5.2　各种信息传播媒介综合效率分析

本章共对 14 种信息获取方式进行了研究,包括电视、收音机、电话、短信、微博、微信、邮件、网站、报纸、广播车、固定喇叭、口头传播以及依赖人员听觉及视觉的信息自获取方式。每种传播媒介都有各自的传播特征。但是,在灾害发生或即将发生的情况下,只依靠一种传播媒介进行信息传播,很难满足灾害下短时间高覆盖的目的。因此,本研究应该利用各社交媒体的优势,将各媒体融合,达到多媒体共同高效传播信息的目的。但是,如果在灾害前或灾害中,将所有社交媒体都运用上,不仅会消耗不必要的准备时间,也会消耗不必要的财力与精力。如何将不同的社交媒体结合到一起,达到最优的效果,是一个非常值得研究的问题。本节主要对此问题展开分析。

首先,通过调查问卷中的数据,对电视、收音机、报纸、网站、电话、短信、邮件、微博、口头、广播车以及固定喇叭共 11 种信息传播媒介的可信度进行了统计。图 5.1 为上述 11 种信息传播渠道的可信度。

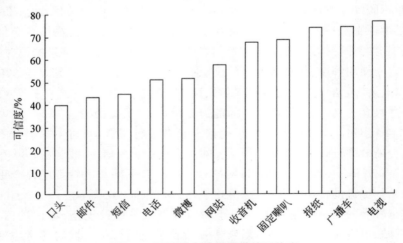

图 5.1　不同信息传播渠道的可信度

　　由图 5.1 可见,在所有传播渠道中,电视可信度排名第一,使用者对该渠道传播的灾害信息相信概率达到 77.3%,其次是广播车,可信度达到 74.5%。报纸名列第三(74.0%),随后是固定喇叭(68.9%)、收音机(67.6%)、网站(57.7%)、微博(51.7%)和电话(51.1%)。而在所有传播媒介中,口头、邮件以及短信是最不可信的 3 种传播媒介,其中口头传播位居最后,可信度仅有 40.1%,邮件名列倒数第二,为 43.5%,短信倒数第三,为 44.9%。通过可信度分析可以看出,人员对基于政府或相关公共部门的媒体相信概率较高(电视、广播车、报纸、固定喇叭、收音机、网站),而对用户本身能直接介入进行信息传播的媒体相信概率较低(口头、邮件、短信、电话、微博)。

　　下面对上述 14 种信息传播方式进行分类。根据信息传播的原理,可以将所有的信息传播途径分为依靠网络以及依靠物理途径传播的信息媒介两种。依靠网络的信息媒介包括电视、收音机、电话、短信、微博、微信、邮件及网站,而依靠物理途径传播的信息媒介包括报纸、广播车、固定喇叭、口头以及依赖人听觉和视觉的信息自获取方式。

　　图 5.2 是除固定喇叭外,13 种信息传播途径效率分析图(固定喇叭传播速度与安装率有关,此处不做讨论)。根据图 5.2 中显示的信息传播速度可将媒体划分为快速信息传播媒介(短信、广播车、通过视觉、依赖听觉和视觉的信息自获取)、中速信息传播媒介(微信、微博、网站、电视、口头、电话)以及慢速信息传播媒介(邮件、收音机、报纸)。本研究将快速信息传播定义为能在 1 h 内,将信息传播给 90% 以上的用户;中速信息传播定义为能在 1天内,将信息传播给 90% 以上的用户;慢速信息传播定义为能在 1 周内,将信息传播给 90% 以上的用户。

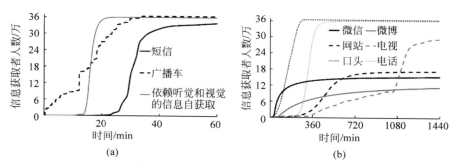

图 5.2　13 种信息传播途径效率分析
(a) 快速传播途径; (b) 中速传播途径; (c) 慢速传播途径

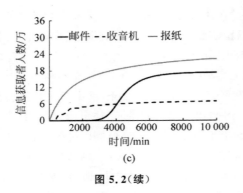

图 5.2(续)

根据信息传播的曲线形状进行分类,可以将信息传播途径分为 3 类:呈逻辑斯特曲线特征的传播媒介、呈线性特征的传播媒介以及对数特征的传播媒介。从图 5.2 中各媒介信息传播曲线特征可见,逻辑斯特曲线特征的传播媒介包括电话、短信、微博、微信、邮件、口头以及依赖听觉和视觉的信息自获取。线性特征的传播媒介为广播车。对数特征的传播媒介包括报纸、电视、网站及收音机。而固定喇叭为瞬间获取信息的媒介,这里不进行分类。

为了比较各传播媒介的传播特征及传播优势,本节建立了一种媒体综合信息传播能力评价体系,该评价体系共考虑了 6 个影响因素,包括信息覆盖率、半数人相信信息的总时间、信息媒介使用频率、信息媒介可信度、总花费以及总使用时间。其中,信息覆盖率能反映出信息媒介的受欢迎程度,受欢迎程度越高,使用该媒介的人越多,则该媒介的信息覆盖率越大;半数人相信信息的总时间表示该媒介的一半使用者通过该媒介接收并相信信息的时间,主要反映出该媒介的信息传播速度;信息媒介使用频率表示使用者每天使用该媒介的次数,这与信息覆盖率并不冲突,信息覆盖率高的媒介,如邮件,信息覆盖率比微博高,但其媒介使用频率就不如微博;信息媒介可信度体现了信息媒介的权威性,人们更愿意去相信权威性较高的媒介发出的信息,如电视、广播车、报纸等;总花费表示人员若要选择该媒介需要的花费,如要观看电视,则至少使用者应该拥有一台电视,而电视较为昂贵,一些偏远的农村、郊区可能无法负担此项支出,从而导致通过电视途径进行信息传播不可行;总使用时间表示每天使用该信息媒介的总时间,与使用频率不同,如微博每天的使用频率可能很高,而电视每天的使用频率可能只有 1~2 次。但是电视的总使用时间相对微博较长。上述 6 个影响因素中,定义信息覆盖率、信息媒介使用频率、信息媒介可信度和总使用时间为正面影响因素，即该数值越大，越有利于信息的传播。而半数人相信信息的总时间和总花费为负面影响因素，即该数值越小，越有利于信息的传播。

接下来利用雷达图对每个传播媒介的 6 个属性进行分析，从而可比较媒介的优缺点。对于正面影响因素，0 表示数值低，1 表示数值高。相反，对于负面影响因素。0 表示该组别中数值最高的，1 表示该组别中数值最低的。其他数值可用线性插值算得。这里以电话、短信、电视、收音机、报纸、网站、微博、邮件、口头以及广播车共 10 个传播媒介为例，对信息传播能力进行综合分析。由于雷达图的面积在很大程度上可以代表该信息媒介的综合传播能力，故本研究将面积作为重要指标对信息传播能力进行评价与分析。

图 5.3(a)为电话信息传播能力雷达图，可见电话的优势在于信息覆盖率以及半数人相信时间。手机的覆盖率非常高，近乎 100%，并且在不考虑基站承载能力的情况下，电话传播速度非常快，呈指数传播。但电话的劣势在于使用频次较低以及个人总花费较高，故在不紧急的情况下，大家使用电话的次数并不多。图 5.3(b)为短信信息传播能力雷达图，相对于电话，短信有效发出率不仅与电话相同，在所有信息媒介中排在第二位，并且信息传播半数时间较电话有大大提高。但是短信为文本编辑，信息传播量不足成为短信传播的劣势。图 5.3(c)为电视信息发布能力雷达图，较其他传播方式，电视的雷达图覆盖面积很大，这也说明电视传播灾害信息能力很强。电视不仅有较高的覆盖率，并且单次使用时间长，可信度大，为信息接收提供了较好的平台。但是，从花费角度以及半数时间来分析，电视名列中游。而从使用频率上看，电视虽然单次使用时间较长，但是频率却较其他媒介低，这也会影响使用者通过电视接收灾害信息的速度。图 5.3(d)为收音机信息传播能力雷达图，通过雷达图可以发现，收音机的特征与上述 3 种信息传播媒介大有不同，收音机的优势在于其总花费低，便携性高，同时拥有较高的可信度。但是，收音机的低使用频率、低覆盖率以及极低的半数时间，导致在灾害发生时，不能被当作信息传播的主要渠道。

图 5.3(e)为报纸的信息传播能力雷达图，该媒介在可信度及总花费两项上与收音机较像，均为优势项，虽然报纸也存在较高的信息覆盖率，但是其半数时间极低，并且还拥有最长的信息准备时间，在预警时间较短的灾害中几乎不可能被运用。图 5.3(f)为网站的信息传播能力雷达图，目前网络信息不断增加，人们对网络的使用也逐渐频繁，使用频次以及信息覆盖率都

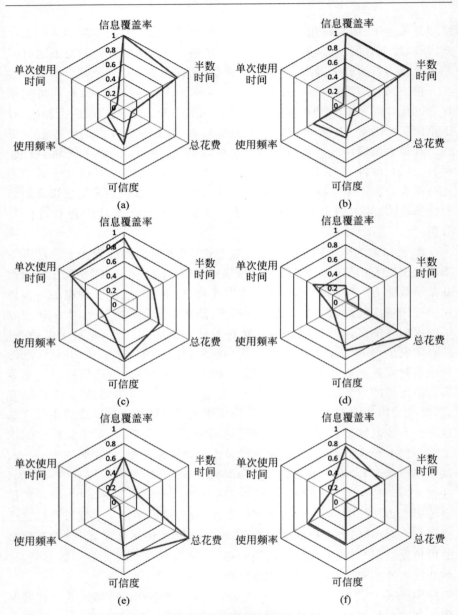

图 5.3　不同信息传播媒介传播能力雷达图

(a) 电话；(b) 短信；(c) 电视；(d) 收音机；(e) 报纸；(f) 网站；
(g) 微博；(h) 邮件；(i) 口头；(j) 广播车

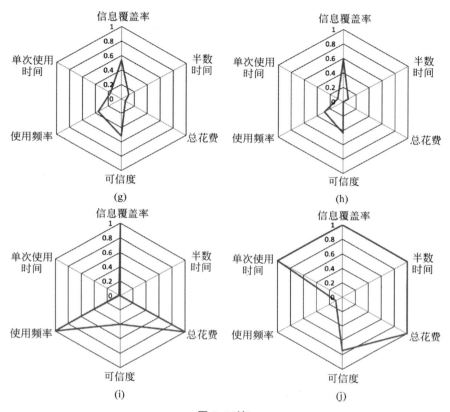

图 5.3（续）

是网站的优势,但是网络信息的可信度较低,并且人们浏览网站的单次时间较短,对从网站上获取灾害信息会产生不利影响,导致网站信息传播的半数时间位居中游。图 5.3(g)为微博信息传播能力雷达图,可见灰粗线所包含的面积较小,这也说明微博的灾害信息传播能力较差。但是,微博有着其独有的优势,即初期的传播速度很快。半数时间小主要由可信度较低造成,但是在很多灾害中,微博都是最快发出灾害信息的媒介,故可以作为信息发布的起始媒介。图 5.3(h)为邮件信息传播能力雷达图,相比于微博,邮件的面积更小,因为邮件比微博需要更高的花费,并且使用频率、可信度、半数时间都比微博低,而只有信息覆盖率比微博高了几个百分点。这也可以说明,邮件在灾害信息传播中传播力较低,不应被选择。图 5.3(i)为口头传播能力雷达图,其形状比较特别,由于口头传播在日常生活中最常被运用,其信息覆盖率、使用频率以及总花费都是所有媒介中的第一,并且不需要基于任何传播媒介,而且所有人(非聋哑人)都可以运用口头传播。但是,灾害下对时间的要求较强,由于口头传播有极强的距离限制,故传播速度慢,半数时间长。图5.3(j)为广播车信息传播能力雷达图,在列出的10种传播媒介中,广播车拥有最大的雷达图面积,第4章中对广播车的信息传播时间与人员信息接收量的关系做了分析,广播车基本能达到在最短的时间内通知到最多的人,信息覆盖率也为所有媒介中的第一名。同时,第3章中广播车能将信息传播给研究区域中36万群众,故人均总花费也较低。并且由于广播车属于政府或相关部门直接管辖的信息传播方式,可信度较高。综上所述,广播车为所有信息媒介中,最适合在灾害中被运用的信息传播方式。

上述10种媒介传播能力分析均基于研究区域36万人的规模,不代表其他规模下的结果。通过分析上述10种传播媒介的信息传播雷达图,可知道不同媒介拥有不同的传播特征,并根据传播特征将其运用到不同的灾害中,达到信息传播最优化的目的。

5.3　多信息媒介联合下的信息传播

本节研究也选取中关村地区作为研究区域(36万8000人)进行信息传播媒介共用分析。在不同媒介组合传播的研究中,不考虑报纸(传播速度过慢,不适合灾害信息的快速传播)、固定喇叭(灾害信息可以瞬间被传播,但是其传播情况与固定喇叭覆盖程度有关,故本节中不做考虑)及通过视觉、听觉的信息自获取(主要获取疏散信息,并非灾害本身的信息,故本节不做考虑)。在单纯考虑主动信息传播的情况下,可以发现信息通过短信、电话、微信、微博以及邮件进行传播的前期传播速度慢,具有初始信息速度限制。这是由于在信息传播开始时,信息获取人数较少,导致刚开始的传播速度很慢。而相比于这些媒介,电视、收音机、网站则没有信息初期传播速度的限制,但是这3个传播媒介很依赖信息发布的时间段。比较上述媒体,口头传播以及广播车传播具有相对稳定的传播速度。

结合不同的信息传播媒介固然能提高信息传播效率,但是过度使用不仅损耗不必要的准备时间,而且会造成不必要的经济损失。本节中假设信息在上午6时发出。图5.4反映了4种不同信息媒介组合方式:①快速信息传播媒介与慢速信息传播媒介(短信 & 收音机);②两个快速信息传播

媒介(短信 & 广播车);③相同信息传播曲线特征的媒介(微信 & 微博);
④不同信息传播曲线特征的媒介(微信 & 网站)。

图 5.4(a)中,灰色实线代表收音机的信息传播,黑色虚线代表短信的
信息传播,可见收音机信息传播速度远低于短信,在前 80 min 内,收音机通
知的人数非常少。但是,通过两媒介相结合的综合曲线(黑色实线)可以看
出,配合收音机,信息传播效率可以大大增加(传播速度增加了 1 倍左右)。
所以,即使收音机为慢速传播媒介,短信为快速传播媒介,收音机还是可以
在短信的信息传播中起到很大的作用。这主要是由于收音机在初始传播
时,没有如短信的初期传播速度上的限制,一定程度上弥补了短信的不足。
初期通过收音机获取灾害信息,再利用短信进行信息发送,能大大提高信息
传播效率。

图 5.4(b)为两个快速传播媒介——短信及广播车的信息传播情况。
其中短信用黑色虚线表示,广播车用灰色实线表示。从图 5.4(b)中可看
出,两者相结合下的信息传播(黑色实线)较广播车单一途径下的传播速度
有一定程度上的提高,但是最终覆盖所有人数的时间基本不变。通过短信
的信息传播从 25 min 之后才有上升的趋势,但是基于广播车的信息传播仅
需 35 min 就可以覆盖研究区域所有人,这是因为短信传播有一定的中间过
程耗时。故结合短信的广播车信息发布可以提高信息传播速度。

图 5.4(c)为两种具有相同传播特征的信息传播媒介——微信与微博
的结合。可见,相结合后的信息传播有更快的传播速度,但是初期传播速度
限制依旧存在。微博和微信的信息传播均有初期传播速度慢的特点,在具
有相同传播特点的传播媒介结合之后,虽然缺点有所淡化,但共同的传播缺
陷依旧会体现出来。

图 5.4(d)不同于图 5.4(c),其将两个具有不同传播特征的信息传播媒
介(微信和网站)相结合。网站用灰色实线表示,微信用黑色虚线表示。网
站没有初期传播速度慢的特点,这恰恰弥补了微信的不足。从图 5.4(d)中
可以看出,相结合后的信息传播速度(黑色实线)大大提升,并且在一定程度
上解决了初期传播速度的限制问题。综上所述,结合具有不同信息传播特
征的媒介能更好地提高信息传播效率。

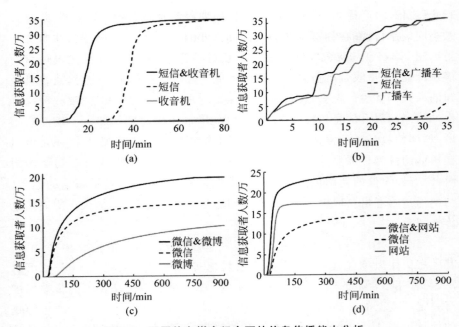

图 5.4　不同信息媒介组合下的信息传播能力分析
（a）短信 & 收音机；（b）短信 & 广播车；（c）微信 & 微博；（d）微信 & 网站

5.4　多媒介信息传播在突发事件下的应用

近些年来发生的管道老化，并不科学的工业、管道设计，工厂的大量建立以及复杂的交通情况都导致了危化品泄漏事故的大量增加。在中国，2006—2011 年的 6 年中，就有多达 1400 起危化气体泄漏的事故[141]。2003年 8 月 4 日，黑龙江齐齐哈尔市芥子气泄漏事故导致 44 人受到毒气感染[142]。2011 年 5 月 12 日，一种非常严重的高浓度燃烧气体在台湾中部顺风 10 km 处被监测到，该气体由石油化学产品泄漏导致的燃烧所致[143]。这些危化品泄漏事件都造成了大量的人员伤害甚至死亡，以及大面积的空气和土地被污染。因此，从公共安全角度分析，研究城市中的危化品泄漏事故非常重要。

在危化品泄漏事故中，事故的严重性、死亡人数以及财产损失往往与下列几个因素有关：人员在危化品下的暴露时间[144]、政府预警时间[145]、人口密度[146]、承灾者的响应速度[147]、疏散方案[148]。在危化气体泄漏中，由于监测系统较不完善,且灾害下的信息传播能力较低,再加上较低的政府应急响应效率,泄漏往往会持续较长时间。2004 年 4 月 20 日傍晚,江西省南昌市发生氯气泄漏事故,而最终经过 2.5 h,泄漏才被控制,22 人长时间暴露在氯气下,造成了严重的人员伤害。另外,高效的灾害下信息传播也是减伤减损的关键。减少信息传播时间可以使受灾者在危化气体泄漏的情况下尽早获取到灾害信息,从而大大减少受灾者在危化气体下的暴露时间,降低负面影响。在城区,由于人口密度大、房屋拥挤、各种管网比较复杂,城区的危化气体泄漏风险较大[149]。例如,1984 年,印度博帕尔化学工厂危化品泄漏导致 52 万人暴露在异氰酸甲酯气体下。由于当地政府没有实施快速有效的灾害信息传播以及有效的应急方案,最终导致约 8000 人在第一周内死亡,超过 10 万人受到了永久的伤害[150]。为了解决上述问题,政府及相关部门应该建立有效的灾害信息传播机制,降低受灾者在危化气体泄漏后的应急信息获取时间,并且相关部门应该加强应急响应能力,尽早控制危化气体,减少气体泄漏持续时间,并基于实时的危化气体风险分析,制定出有效的应急方案。

目前,气体扩散的计算方法较多,如 CFD 模型,可以有效模拟出复杂地形结构下的气体扩散[151]。本杰明研究发现基于拉格朗日的 Puff 模型也可以模拟危化气体泄漏,并为应急响应提供科技支撑[152]。但是,上述模型都有一个共同的劣势,即计算时间较长。而在灾害情况下,需要快速甚至实时地为受灾者提供信息,所以要对气体泄漏进行实时模拟。高斯烟羽模型可以有效解决长耗时的问题。高斯烟羽模型是基于评估复杂道路情况下惰性气体污染浓度而建立起来的烟气扩散模型[153],也经常被用于模拟气体泄漏[154-155],并且其计算时间短,可以实现灾害下的实时模拟,能够达到政府根据实时灾情做出应急预案的目的。所以,本研究中利用高斯烟羽扩散模型对危化气体的泄漏进行模拟,从而制定应急响应方案。

目前基于应急响应的研究多集中在地震[156]、飓风[157-159]、洪水[160]等大灾害下的大规模交通疏散或行人疏散等场景下,或者小规模的如高层火灾下的人员疏散[161-165]或密集场所下的人员疏散[166]中。而基于危化气体泄漏下的中尺度人员疏散的研究很少。根据基于高斯烟羽模型的气体泄漏模拟发现,如果 4000 kg 氯气在风速 4.4 m/s 的情况下开始扩散,10 min后,致死区可达 8709 m²,严重伤害区达到 17 515 m²,中度伤害区 35 287 m²,轻度伤害区 95 321 m²[167]。可见危化气体泄漏下的应急响应研究也非常重要。而一个有效的应急方案需基于有效的信息传播机制。在灾害情况下,有 50％的人由于不能成功获取到灾害信息,导致无法实施有效的应急方案[52]。结合 5.3 节中的不同信息传播媒介,快速有效地传播灾害信息非常重要。

　　因此本研究主要基于多途径信息传播机制,考虑人员获取灾害信息的时间、危化气体泄漏持续时间以及大气环境因素,建立了一个面向危化气体泄漏的风险分析模型。政府及相关部门会根据不同受灾者的位置以及气体扩散的具体情况,计算出每个人员的风险值,从而因人制宜地提出应急响应方案并实时将应急相应方案通过信息系统传达至每一位受灾者。本模型及灾害信息传播系统可以为危化品泄漏以及其他灾害提供有效方案,以减少灾害事故造成的不必要的人员伤亡与经济损失。

5.4.1　研究方法

　　图 5.5 为危化气体泄漏下的灾害决策信息传播过程分析。危化气体泄漏后,该事故信息可能被政府监测到,也可能被当地人员直接观察获得。如果事故信息被政府监测到,政府会通过各种信息传播媒介进行信息发布,本研究中考虑 4 种社会媒介,包括短信、微博、网站以及电视进行共同信息发布,同时也考虑在事故情况下,如果社会媒介失效,则政府及相关部门会利用广播车对信息进行发布。若危化气体泄漏事故信息首先被人员获得,人员可能会将该信息通过短信、微博进行传播,也可能会在突发事件,来不及传播信息的情况下选择直接进行疏散,从而利用第 3 章中的人际间信息自获取方式传播疏散信息。

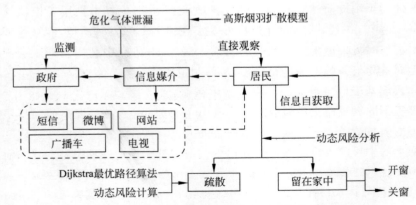

图 5.5　危化气体泄漏下的灾害决策信息传播过程分析

　　人员获取到事故信息后,政府及相关部门可以对危化气体做出动态风险分析,并根据分析结果实时将应急方案信息传播给受灾人员,人员根据收到的决策信息,选择应对方式(疏散或留在室内)。若留在室内,根据动态风险分析的结果,通过开、关窗,将室内的危化气体浓度控制在最低。若疏散,则根据危化气体风险分布,并结合 Dijkstra 及动态风险分析的最优路径算法,向与风向垂直的两侧实施疏散。本研究的主要目的是尽可能减少危化气体泄漏后,每一个受灾者暴露在危化气体中的时间及总暴露量。

　　本节首先对危化品扩散的计算方法进行分析。由于模拟速度非常快,高斯烟羽模型经常被用在危化气体泄漏事故中[168]。经典的高斯烟羽模型是基于稳态的气体持续泄漏的模型,由式(5-1)给出:

$$C_{(x,y,z,t)} = \frac{Q}{(2\pi)^{\frac{3}{2}} \cdot \sigma_x \cdot \sigma_y \cdot \sigma_z} e^{\frac{-(x-ut)^2}{2\sigma_x^2}} \cdot e^{\frac{-y^2}{2\sigma_y^2}} \cdot \left[e^{\frac{-(z+H)^2}{2\sigma_z^2}} + e^{\frac{-(z-H)^2}{2\sigma_z^2}} \right]$$

$$(5\text{-}1)$$

其中,Q 是危化气体泄漏的流量(单位:kg/s);H 是泄漏源的高度(单位:m);x、y、z 分别为被测点 3 个方向的坐标(单位:m);μ 为平均风速(单位:m/s);t 为危化气体泄漏总时长(单位:s);σ_x、σ_y、σ_z 分别为 x、y、z 3 个方向的扩散系数,这 3 个扩散系数与大气稳定度有关。根据 1969 年 Klug 提出的模型[169],本研究假设大气稳定度为 C 级,则 3 个方向的扩散系数可由式(5-2)、式(5-3)及式(5-4)算得。

$$\sigma_x = 0.23x^{0.855} \tag{5-2}$$

$$\sigma_y = \sigma_x \tag{5-3}$$

$$\sigma_z = 0.076x^{0.879} \tag{5-4}$$

　　在确定危化气体扩散模型后,再对灾害信息传播进行分析。由于快速、精确的灾害及决策信息传播能有效帮助受灾群众,减少在危化气体下的暴露时间及暴露量,因此本研究以短信、微博、网站以及电视 4 个经常被用作灾害信息传播的社会媒体作为信息传播媒介,并考虑了紧急情况下的广播车及人际间信息自获取。设置危化气体泄漏下信息传播的主要评价指标:信息覆盖率[69]、信息传播速度[170]、信息传播媒介的可信度等,建立了一个较为全面的灾害信息传播模型。

　　(1) 不同社会媒介的信息传播

　　在灾害事故发生时,如果各种社会媒体可以科学有效地被利用,则信息可以以极快的速度被传播。本节使用了第 2 章中提到的各社会媒体的传播机理,将短信、微博、网站以及电视相结合,研究了上述 4 种信息媒介组合情况下,危化品泄漏事故对灾害信息及决策信息的传播情况的影响,建立了短信—微博—网站—电视综合信息传播模型。图 5.6 为不考虑短信传播时,微博—电视—网站综合传播情况,实线为每分钟信息携带者数量随时间的变化曲线,虚线为累计信息携带者数量随时间的变化曲线。

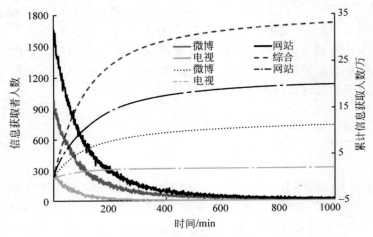

图 5.6　微博—电视—网站综合传播情况

通过曲线可以看出,在 36 万总人口规模的情况下,三者传播能力分别是网站高于微博,微博高于电视。黑色曲线为 3 种传播媒介共同传播下的累计信息携带者数量变化曲线。由图 5.6 可知,在信息发出 30 min 后,有超过 7.1 万人获取到信息,即将近 1/5 的人可获取到信息。信息发出 1 h 后,超过 1/3 的人(123 000 万人)获取到了信息。信息发出 2 h 后,超过 1/2 的人(19 万人)获取到了信息。但是对于危化气体泄漏事故,该速度显然满足不了需求。

基站承载力对短信发送有很大的影响,在多条短信同时发送的情况下,基站的承载量很容易达到上限,从而影响短信的正常收发。所以本研究考虑了不同短信有效发出率对信息传播的影响。图 5.7 为不同短信有效发出率下累计信息携带者数量随时间的变化曲线。随着短信有效发出率的增加,信息获取速度也不断加快。当短信有效发出率达到 30% 时,30 min 可以将信息传播给 15.6 万人,1 h 可将信息传播给近 20 万人。若基站承载量不受限,即短信有效发出率达到 97.2% 时(当前真实情况),6 min 内超过 30 万人可以收到信息,30 min 内超过 34 万人能收到信息。可见,结合短信的信息传播速度非常快,基本可以满足危化气体泄漏下的灾害决策信息获取。

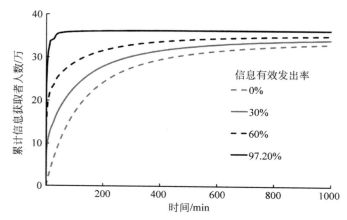

图 5.7　不同短信有效发出率下累计信息携带者数量随时间的变化曲线

（2）通过广播车及人员信息自获取的信息传播

在一些特殊情况下,如信息传播网络瘫痪时,政府不能使用社会媒体对信息进行传播。而在监测系统失效的情况下,政府及相关部门不能在第一时间获取到灾害信息。面对上述两种情况,本节引入了第 3 章提到的广播车信息传播以及人员信息自获取方式对灾害决策信息进行传播。研究表明,运用广播车最优路径算法,两辆广播车以 50 m 的声音传播半径,20 km/h 的车速,35 min 可以通知到研究区域（2.3 km²）的所有人。而根据对人际间信息自获取的研究,发现 15 min 内,研究区域内超过 30 万人（大约 5/6）可以通过视觉及听觉获取到疏散信息,实施疏散。

图 5.8 为基于广播车及人际间信息自获取的信息传播情况。可见在广播车的信息传播下,信息获取人数随时间呈线性变化,而在人际间信息自获取下呈逻辑斯特变化。由于两个曲线的特征不同,基于人际间信息自获取的信息传播有初始信息传播速度的局限,因此传播中期速度非常快。在广播车发布信息的情况下,虽然初始速度较快,但是中间速度与初始速度基本一致。所以,将两种传播途径相结合,效果提升将会非常明显。

根据上述分析,一个综合的灾害信息传播系统应当将社会媒体与通过物理途径传播的信息媒介,如广播车、固定喇叭,人际间信息自获取等渠道结合起来,进行信息发布与传播。如果政府或者居民能够在第一时间发现危化气体泄漏,结合上述信息传播媒介,也可以将信息以很快的速度在事故区域传播开,达到减伤减损的目的。

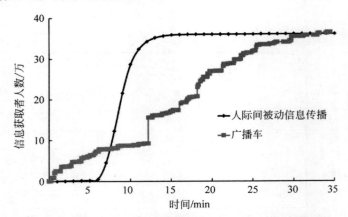

图 5.8　基于广播车及人际间信息自获取的信息传播情况

　　危化气体泄漏下的应急决策研究还涉及人员疏散的问题。在危化气体泄漏的情况下,居民应朝着与风向垂直的方向疏散,并在疏散过程中尽可能躲避具有高危化气体浓度的区域。本研究定义危险气体的致死浓度为能让人员在短时间内丧失行动力的浓度,疏散者在其疏散过程中,必须要避免具有致死浓度的区域。本研究利用 Dijkstra 最优路径算法[70],结合真实的危化气体风险分布情况,为每一位需要疏散的人员建立最适合他们的最优疏散方案。而对于其他不需要疏散的人(疏散过程中不得不经过致死区或者留在室内,关闭门窗比疏散风险更小时),政府会将具体的应急决策信息通过广播车、固定喇叭等发布给居民。因此,根据上述描述,政府应该根据居民的具体情况,为居民制定适合他们自己的方案。本研究主要针对以下 7 个影响因素进行了应急决策分析:危化气体种类、泄漏源位置、风速及风向、决策信息获取时间、泄漏持续时间、室内外危化气体浓度以及个人呼吸量。

　　本研究以北京市中关村地区为例。定义研究区域的平均楼层高为 2.7 m,并将研究区域划分为 10 m×10 m×2.7 m 的立方体。则从平面(x 和 y 方向)考虑,研究区域被划分为 22 770 个网格,由于研究区域中最高的楼层为 29 层,故整个研究区被划分为 660 330 个立方体。图 5.9 为研究区域的简介图,其中红色五角星代表泄漏源,不同颜色的建筑物显示不同的人数,层数越高的建筑物相对人口密度也就越大,红色代表每个小网格中人数超过 600。图 5.9 中淡蓝色部分是道路,本研究中风向设为西风。在疏散过程中,假定图 5.9 中最上面以及最下面的两条道路为安全道路,即当疏散者疏散到该两条道路时,则认为疏散者安全。

图 5.9　研究区域简介图(见文前彩图)

5.4.2　影响因子参数设置

(1) 气体种类

本研究选用硫化氢(H_2S)气体进行泄漏模拟。而硫化氢导致的泄漏事故不乏出现,其也经常被用于模拟危化气体泄漏[171-172]。但是本研究假设,所有受灾者在闻到硫化氢气味时应该保持镇定,等待政府通知响应,不能自行逃跑。政府和有关部门会尽最大努力,尽早将最优决策信息通知到受灾区的每一个人。根据《硫化氢职业危害防护导则》[173],硫化氢浓度为 6 mg/m^3 时,人们即可嗅到臭鸡蛋气味,而当浓度上升至 1008.55 mg/m^3 时,人会很快失去知觉。故本研究定义 6 mg/m^3 为风险的最下线,1008.55 mg/m^3 为致死浓度,即暴露在此浓度下,认为达到死亡风险。根据相关危化气体泄漏标准,将泄漏流量设定为 1 kg/s。

(2) 泄漏源

为了使研究区域尽可能多地被污染,将泄漏源设置在研究区域的正西处,泄漏源的相对坐标为 $(0,575,0)$($x=0$ m,$y=575$ m,$z=0$ m)。

(3) 风速及风向

根据北京市风速的历史数据(http://www.doc88.com/p-7844030287983.html),可算得北京市年平均风速为 2.3 m/s。故本研究中将风速设定为以 2.3 m/s 为平均值的正态分布,以模拟真实情况下的风速,并假设风向为西风,此时研究区域才能最大范围被污染。

（4）决策信息获取时间

信息获取时间取决于危化气体泄漏被监测到的时间以及信息传播花费的时间。一个有效的危化气体监测系统和突发事件下的信息传播机制可以缩短信息获取时间。根据上述对各信息传播媒介的综合计算发现,在所有媒介都运用到的情况下,大约 8 min 就可以让研究区域的几乎所有人都获取到灾害信息。故本研究中,将标准决策信息获取时间设定为 8 min。

（5）泄漏持续时间

危化气体泄漏的持续时间直接决定了后果的严重程度。政府及相关部门在监测到气体泄漏之后,应该尽最大努力控制住泄漏,减少泄漏持续时间,从而减少各区域危化气体浓度。根据目前危化气体泄漏案例处理情况,本研究将泄漏持续时间设置为 40 min。

（6）室内外危化气体的浓度

当居民得知危化气体泄漏的消息时,政府会根据具体风险分布情况,通知该居民是否应该疏散或留在室内,若留在室内是否应该关窗。通过实验数据发现,典型的中国房间中,当门窗紧闭的情况下,换气系数大约为 0.1～0.2/h(即房间每小时能换 10%～20% 的气体)[174]。故本研究中将换气系数设置为平均值 0.15/h。当窗户全开时,换气系数较大,认为室内外的气体浓度始终保持一致。若室外的危化气体浓度高于室内,则选择留在室内的人员应紧闭窗户,反之应该打开窗户。

（7）个人呼吸量

基于中国环境科学学会的实验数据发现,一个正常的中国成年人在静止状态下每分钟呼吸的空气量为 5.5 L,而在剧烈运动的情况下可达 32.9 L[175]。本研究假设人在紧急情况下的疏散属于剧烈运动,则呼吸速率为 32.9 L/min,而留在室内属于静止状态,呼吸速率为 5.5 L/min。

根据上述 7 种影响因子的定义,本研究将各标准参数值列于表 5.1 中。

表 5.1　本研究参数值的设定

参　　数	对象或数值
危化气体种类	硫化氢（H_2S）
气体泄漏速率	1 kg/s

续表

参　数	对象或数值
气体泄漏位置	相对坐标（0 m,575 m,0 m）
平均风速	2.3 m/s（正态分布）
风向	西风
信息获取时间	8 min
气体泄漏持续时间	40 min
开（关）窗情况下的换气系数	∞(0.15)/h
正常静止情况下的人的呼吸速率	5.5 L/min
剧烈运动（疏散）下的人的呼吸速率	32.9 L/min

5.4.3　综合结论分析

本研究为了对风险进行综合评估,共定义了 3 种风险:瞬时网格风险、瞬时人员风险和累积人员风险。瞬时网格风险 R_g（单位：kg/m^3）表示在时间步长设置为 1 s 的情况下,该时间步长网格内的危化气体浓度;瞬时人员风险 R_p（单位：kg/s）表示在时间步长设置为 1 s 的情况下,人员在该时间步长内,吸入的危化气体的流量;累积人员风险 R_c（单位：kg）表示该人员从危化气体泄漏开始,至当前步长,累积吸入的危化气体总质量。通过上述提到的硫化氢气体起始风险浓度 R_0 与致死浓度 R_1,瞬时人员的起始风险 $R_{p,risk}$（单位：kg/s）及致死风险 $R_{p,lethal}$（单位：kg/s）分别可由式（5-5）及式（5-6）算得。

$$R_{p,risk} = R_o \cdot v_s$$
$$= 6 \times 10^{-6} \times 5.5 \times 10^{-3} = 5.5 \times 10^{-10} \tag{5-5}$$
$$R_{p,lethal} = R_1 \cdot v_s$$
$$= 1008.6 \times 10^{-6} \times 5.5 \times 10^{-3} = 9.245 \times 10^{-8} \tag{5-6}$$

其中,v_s 为人员的标准静态下的呼吸速率。

通过瞬时人员起始风险以及致死风险值,可以算得在人员疏散的情况下的瞬时网格起始风险 $R_{g,risk}$（单位：kg/m^3）和瞬时网格致死风险 $R_{g,lethal}$（单位：kg/m^3）分别由式（5-7）和式（5-8）表示：

$$R_{g,risk} = R_o \cdot \frac{v_s}{v_m}$$
$$= 6 \times 10^{-6} \times \frac{5.5 \times 10^{-3}}{32.9 \times 10^{-3}} = 1.003 \tag{5-7}$$

$$R_{g,\,risk} = R_1 \cdot \frac{v_s}{v_m}$$

$$= 1008.6 \times 10^{-6} \times \frac{5.5 \times 10^{-3}}{32.9 \times 10^{-3}} = 1.686 \times 10^{-4} \qquad (5\text{-}8)$$

其中，v_m 为人员疏散下的呼吸速率。

通过计算，对于疏散下累积人员风险小于留在室内的受灾者，若途经道路的网格风险大于 1.686×10^{-4} kg/m^3，则表示疏散风险大于致死风险，不能选择疏散。

本书共对以下 6 个案例进行了模拟，每种案例的具体参数设置参照表 5.2。

表 5.2　6 个案例的参数设置

案例	信息获取时间/min	泄漏持续时间/min	风速/(m/s)	危化气体泄漏速率/(kg/s)	模拟计算时间/s
1	20	40	2.3	10	3600
2	5	40	1.0	10	4800
3	2.5～15	40	2.3	10	5000
4	8	20～60	2.3	10	5000
5	8	40	0.3～4.3	10	5000
6	8	40	2.3	1～50	5000

（1）时空动态危化气体风险分布

图 5.10 为不同时间段硫化氢时空动态风险分布图。图 5.10(a) 为泄漏 5 min 后的风险分布图，共有 4980 个网格的风险大于起始风险，10 个网格的风险大于致死风险。随着泄漏持续时间的增长，在 10 min、15 min 及 20 min 时，携带风险的网格数量分别达到 12 542、17 064 和 17 064 个，但是在致死风险网格数量上并没有增加。这是因为致死风险网格离泄漏源比较近，随着距泄漏源距离以及夹角的增大，风险会越来越小。

（2）基于危化气体泄漏风险的中尺度区域疏散

图 5.11 为面向人员疏散的危化气体泄漏风险分析图。其中红色星号代表泄漏源，绿色星号代表安全节点，淡蓝色道路代表有风险值的道路，灰色道路代表安全道路。A、B、C、D 分别为居住在不同建筑物不同层数的 4 个人员。本模拟运用案例 1，即信息获取时间设置为 20 min，危化气体泄漏持续时间设置为 40 min。基于案例 1 数据及风险计算，分别为 A、B、C、D

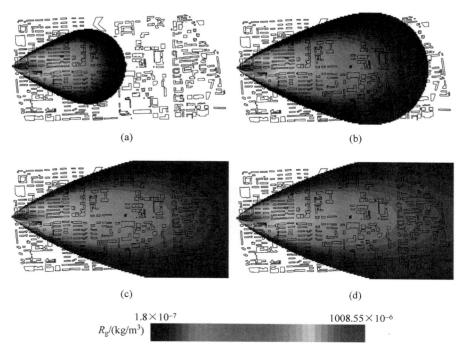

图 5.10　不同时间段硫化氢时空动态风险分布（见文前彩图）

（a）5 min；（b）10 min；（c）15 min；（d）20 min

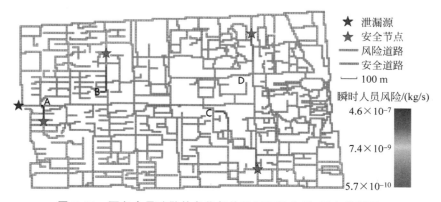

图 5.11　面向人员疏散的危化气体泄漏风险分析（见文前彩图）

4 位人员制定出了 4 种不同的优化应急方案。A、B、C、D 4 位人员的具体参数值在表 5.3 中列出。

表 5.3　人员 A、B、C、D 的位置介绍

人员	坐标（m，m）	所住楼层
A	（140，540）	1
B	（500，630）	4
C	（1200，510）	3
D	（1370，740）	25

在案例 1 中，由于信息获取时间被设置为在危化气体泄漏后的 20 min。而这足以让气体在 2.3 m/s 的风速下弥漫整个研究区域，即在泄漏后 20 min，研究区域内的危化气体分布基本达到稳态。根据之前进行的假设，在窗户全开的情况下，本研究认为室内外的气体浓度是相同的。图 5.12 中，黑色曲线代表疏散时的人员风险，灰色曲线代表留在室内的人员风险，实线代表累积人员风险，虚线代表瞬时人员风险。

首先对人员 A 进行分析，根据图 5.12(a)，从累积风险来看，黑色实线要低于灰色实线，这说明疏散过程的累积人员风险要高于停留在室内的累积人员风险。但是，通过虚线的分析，若人员实施疏散，由于 A 的位置离泄漏源非常近，则途经过程中瞬时人员风险的最大值为 5×10^{-8} kg/s（每秒吸入 5×10^{-8} kg 的有毒气体），非常接近瞬时人员致死风险量（9.245×10^{-8} kg/s）。若人员 A 实施疏散，则在疏散过程中，很可能因为高浓度的硫化氢而丧生。所以对于人员 A，本研究建议其停留在室内，等待政府 40 min 的危化气体处理时间。

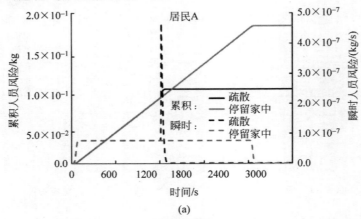

(a)

图 5.12　案例 1 下不同人员应急决策情况分析

(a) 居民 A；(b) 居民 B；(c) 居民 C；(d) 居民 D

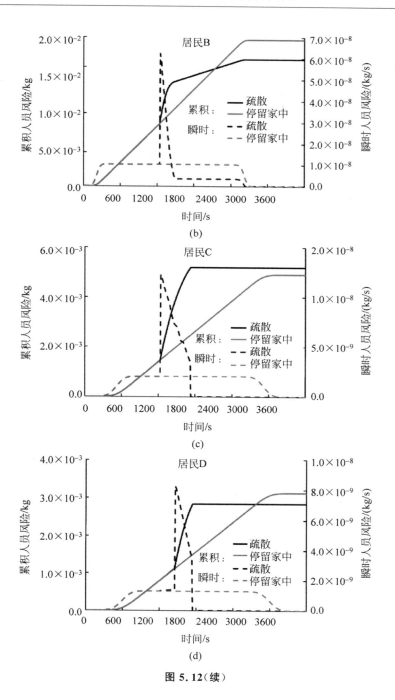

图 5.12（续）

接下来对人员 B 进行分析,通过图 5.12(b)可以看出,人员 B 在危化气体泄漏后 20 min 获取到信息并开始疏散的情况下,由于剧烈运动下人的呼吸量会大幅上升,故瞬时人员风险在选择疏散后会突然上升,导致在随后的近 1000 s 的时间内,疏散下的累积人员风险要高于停留在室内的累积人员风险。由图 5.12(b)中可看出,疏散途经过程中瞬时人员风险最高达到 6×10^{-9} kg/s,离致死风险还有一定差距,故人员 B 可以实施疏散。但是,通过对灰色实线的分析发现,人员停留在室内的累积人员风险仅比疏散下的累积人员风险多出 1/6,并且瞬时人员风险基本保持稳定的 1×10^{-9} kg/s。故对于人员 B,两种应急情况下各有利弊,政府可以根据具体情况,给出相应建议。

人员 C 的位置与泄漏源距离较远。从图 5.12(c)中也可看出,在实施人员疏散方案的情况下,人员 C 承受的最高瞬时人员风险只有 1.5×10^{-9} kg/s,远小于致死瞬时人员风险。但是通过累积风险分析发现,由于 C 的位置距泄漏源较远,故 C 所在室内的危化气体浓度很小,导致政府用 40 min 处理完泄漏源后,在 1 h 时的总累积人员风险仍低于疏散下的累积人员风险。因此人员 C 无论从瞬时人员风险角度考虑还是从累积人员风险角度考虑,都应该选择停留在室内。

最后,对人员 D 做风险分析。人员 D 在 4 个人员中距泄漏源最远。从图 5.12(d)中可看出,在疏散途经过程中瞬时人员风险最高达到 8.0×10^{-10} kg/s,相比于瞬时人员起始风险(5.5×10^{-10} kg/s),疏散途中的风险基本可以忽略。通过两种方案下的累积人员风险比较可以发现,灰色实线最终高于黑色实线,说明人员 D 在疏散的情况下累积人员风险更小。故对人员 D 来说,应该实施疏散。

在案例 2 中,假设政府监测系统发达并且信息传播机制高效。受灾者可以在气体泄漏后的 5 min 获取到灾害信息。并且在案例 2 中,风速设为 1 m/s。较低的风速会让危化气体的扩散速度减慢,但同时也会增加气体覆盖区域中危化气体的浓度。在这种情况下,政府在帮助人员进行疏散决策时,更应该考虑疏散路径中的风险。但是,由于人员获取信息时间较早,并且风速较慢,在获取到信息时危化气体很可能还没有扩散至该人员住处,对于应该留在室内的人员,政府应快速传播信息,指导人员关窗从而减缓室外气体进入室内,减轻人员呼入危化气体的量。图 5.13 为案例 2 下不同人员应急决策情况分析图。

图 5.13 中黑色代表疏散情况,灰色代表停留在室内的情况(初始窗户全开),而浅灰色代表优化情况,即选择停留在室内的人员会根据政府的风

险计算值决定窗户的开闭,始终保持屋内危化气体浓度不大于屋外危化气体浓度的状态。

再次分析人员 A。由于信息获取时间大幅提前,导致人员疏散时间大幅提前。由于人员 A 离泄漏源过近,并且风速较慢,泄漏源附近的危化气体浓度较高,在疏散过程中,最大瞬时人员风险可达 9.5×10^{-8} kg/s,超出了瞬时人员死亡风险。故人员 A 一定不能选择疏散。由深灰色曲线和浅灰色曲线完全重合可知,由于 A 离泄漏区域过近,人员 A 获取到信息后,室内外危化气体浓度已经保持一致,若人停留在室内,其瞬时人员风险保持在 2×10^{-8} kg/s,也属于一个较大的风险。在这种情况下,人员 A 应该选择一些相应的紧急自救措施,如用湿毛巾捂住口鼻等,并在家中等待救援。

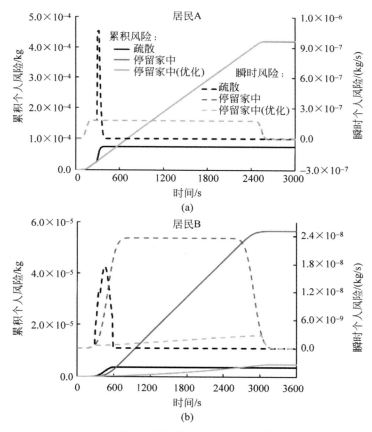

图 5.13　案例 2 下不同人员应急决策情况分析
(a) 居民 A；(b) 居民 B；(c) 居民 C；(d) 居民 D

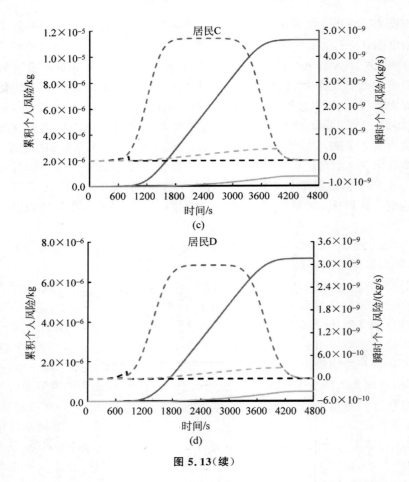

图 5.13(续)

　　人员 B 相对于人员 A,离泄漏源的距离更远。故在人员 B 收到决策信息时,危化气体并没有完全弥漫至该网格。人员 B 获取信息后,若实施疏散,则途经过程中最大瞬时人员风险为 1.8×10^{-9} kg/s,小于瞬时人员死亡风险,人员可以进行疏散。通过累积个人风险的评估发现,若不实施优化方案,窗户全开的情况下,随着时间流逝,危化气体逐渐进入房间,最终的人员瞬时风险可达 2.4×10^{-9} kg/s,导致累积人员风险过高。而若人员 B 在接到政府灾害信息后,马上紧闭门窗,则瞬时个人风险变化如黑色虚线所示。在所有过程中,黑色虚线最高时的瞬时人员风险仅为 3×10^{-10} kg/s,并且累积人员风险也非常小,稍高于疏散下的累积人员风险。考虑到这些因素,人员 B 可以选择在室内紧闭门窗,并在室外危化气体浓度低于室内危化气体浓度时(50 min,从图 5.13 中可看出)再打开门窗。

人员 C 与人员 D 的曲线形状基本相同,由于人员 C、D 距离危化气体泄漏源的距离非常远,当人员获取到信息时,危化气体还没有扩散到该住处。在这种情况下,人员 C、D 选择疏散,可以有效避免危化气体对人的影响。从图 5.13 中也可以看出,黑色虚线在人员疏散的过程中只有非常小的波动,然后马上归于 0。而从累积人员风险分析也可以看出,疏散的人员风险明显小于其他两种情况下的累积人员风险。故对于人员 C 及 D,疏散是最优的方案。

下面对影响危化气体风险的几个影响因素进行敏感性分析。这里主要对信息获取时间、泄漏持续时间、风速以及泄漏速率 4 个因素进行分析。图 5.14 为上述 4 个影响因素数值变动下的个人决策变化分析图。

图 5.14(a)为不同信息获取时间对人员决策的影响(案例 3)。从图中可以看出,随着信息获取时间的推迟,疏散者的数量略微增加,这是由于在信息获取时间较迟的情况下,室内外危化气体浓度基本保持一致,故室内浓度也会达到较高的水平,在这种情况下,疏散可能是一种更优的选择。随着信息获取时间的增加,窗户开关情况对人员风险的影响越来越小,这也是由室内外浓度差异越来越小造成的。通过数据分析可知,信息获取时间对窗户开闭决策影响最大。而利用本研究的信息传播机制与体系降低信息获取时间,可以大大降低个人风险。信息获取时间越长,因致死风险限制而不能疏散的人员数量会略有降低,而这些人全部分布在离泄漏源非常近的地方。

图 5.14(b)为不同风速对人员决策的影响(案例 4)。可见风速过快或过慢,停留在室内的人员比例都不大,而在风速为 2.3 m/s 时,停留室内的人员比例达到最大。这是因为当风速过小时,在很多人员获取到灾害决策信息的情况下,危化气体还没有传播至该人员处,故人员有时间进行疏散,从而避免危化气体的毒害。若风速过大时,人员在获取到灾害信息后,危化气体已经完全弥漫在周围,导致室内外气体浓度一致,并且由于风速较大,气体浓度不高,在疏散过程中不会出现接近或超出致死风险的情况,故人员也会选择疏散。因此在平均风速为 2.3 m/s 时,选择疏散的人数最少,而停留在室内的人数最多。另外随着风速的增加,窗户开闭情况对人员风险的影响越来越小。而通过因致死风险限制而不能疏散的人员比例可以发现,风速越大,该比例就越小,这是因为大风会导致气体浓度降低。

图 5.14(c)为不同危化气体泄漏持续时间对人员决策的影响(案例 5)。随着泄漏持续时间从 20 min 上升至 1 h,疏散者的比例也不断上升。虽然

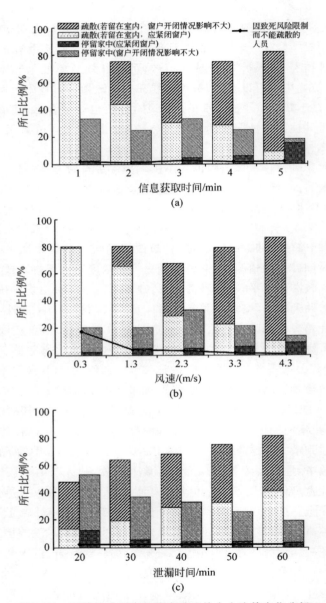

图 5.14 不同影响因素数值变动下的个人决策变化分析

（a）不同信息获取时间；（b）不同风速；（c）不同泄漏持续时间；（d）不同危化气体泄漏速率

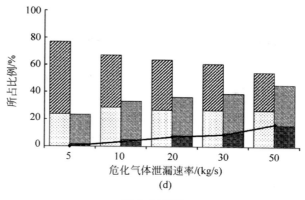

图 5.14(续)

在疏散过程中,疏散者的危化气体吸入量会比同时刻室内的吸入量大,但是若疏散过程中的风险低于致死风险,则疏散完毕后,瞬时人员风险变为 0。若人员停留在室内,即使已经将窗户关上,但是在长时间泄漏的情况下,气体也会慢慢渗入室内,导致室内的危化气体浓度越来越高,停留在室内的人员不得不呼吸周围的气体,故泄漏持续时间越长,疏散的比例越高。通过图 5.4(c)还可分析出,不同泄漏持续时间对窗户开闭情况的影响并不大,对因致死风险限制而不能疏散的人员比例影响也基本可以忽略。

图 5.14(d)为不同危化气体泄漏速率对人员决策的影响。随着气体泄漏速率的上升,疏散者的比例逐渐降低,而因致死风险限制不能疏散的人员比例(黑色曲线)逐渐增加。快速的气体泄漏速率导致危化气体浓度变高,疏散者在疏散过程中更容易面临致死风险的威胁,故很多疏散者若停留在室内,累积风险较疏散下更高,但是考虑到疏散过程中致死风险的影响,还是被迫选择停留在室内。而危化气体泄漏速率对开闭窗的影响并不大。

综上所述,为了保证危化气体泄漏下的人员生命安全,政府及相关部门应该基于不同受灾区中的人员信息获取时间、不同风速、不同危化气体泄漏持续时间、不同泄漏速率为不同位置的人员制定最适合该人员的优化决策方案,从而使灾区中各人员的受灾风险达到最低。

5.5　本 章 小 结

基于前 4 章对社会媒体、广播车传播、人际间口头传播以及人际间信息自获取的综合分析,本章共对 14 种信息媒介进行了研究并分类,利用调查问卷的真实数据,对不同媒介的可信度做了详细分析。并以北京市中关村区域为例,以区域内的 36 万人为样本,对多种媒介进行了传播效率分析,并根据信息传播速度,对媒体进行分类。同时,建立了一套针对媒体综合信息传播能力的评价体系,其中包括信息覆盖率、半数人相信信息的总时间、信息媒介使用频率、信息媒介可信度、总花费以及总使用时间共 6 个影响因素,以电话、短信、电视、收音机、报纸、网站、微博、邮件、口头及广播车 10 种信息媒介为例,进行了综合传播能力分析,并用雷达图表示。研究发现电视及广播车的综合信息传播能力最强,非常适合灾害下的信息发布。其他媒体各有优劣势,在真实情况下,政府及相关部门应该根据需要选择使用。

本章随后对各媒介进行了组合,并对不同组合媒介共同信息传播效率进行了分析(本章共分析了 4 对媒介组合:短信 & 收音机;短信 & 广播车;微信 & 微博;微信 & 网站),发现具有不同传播特征的媒介更具有互相促进的作用,如短信及收音机的组合模式,虽然收音机比短信信息传播速度慢很多,但是短信传播具有严重的前期速度限制,在与收音机相结合后,前期速度限制问题得到了很好的解决。数据显示,结合后的短信信息传播速度较之前增加了一倍。

本章还以危化气体泄漏为例,建立了一套基于政府信息发布与研究区域人际间信息自传播的信息传播体系。基于高斯烟羽气体扩散模型,使用短信、微博、网站、电视 4 种信息媒介对灾害决策信息进行传播。同时,考虑到信息网可能由于信息量过大或损坏导致信息网瘫痪,在此情况下,利用广播车及人际间信息自传播进行灾害信息传播。在案例模拟中,考虑了气体种类、气体泄漏速率、气体泄漏位置、平均风速、风向、信息获取时间、气体泄漏持续时间以及人的呼吸速率对人员风险的影响,对不同情况下人员决策进行分析,发现不同位置的人员在不同的决策下具有不同的风险值,将累积人员风险值与瞬时人员风险值做权衡,政府做出最优化的决策方案,通过信息发布系统,最快速度传播至该人员。通过敏感性分析发现,风速及信息获取时间会严重影响窗户开闭情况的决策,小幅度影响疏散人数。而泄漏持续时间越长,疏散者人数比例越高,危化气体泄漏速率越大,更多人会由于高浓度危化气体而无法疏散,故疏散者比例越低。

本章模拟结果可为不同情况下的受灾人员提出最优化的决策建议,配合上述研究的灾害信息传播机制及系统,能够为政府实时决策提供强有力的支撑。

第6章 结论与展望

6.1 总 结

突发公共安全事件下的信息传播在预警与应急响应过程中至关重要，科学的预警和灾害信息发布可有效减少人员伤亡和经济损失。本书针对突发事件下的信息传播过程，研究了社交媒体、人际间接触式传播和基于物理渠道的信息媒介的信息传播特征与机理，建立了不同媒介的信息传播模型，模拟并分析了突发事件下的信息传播过程。将信息传播模型应用于人员疏散中，对疏散过程进行了优化。也应用于突发事件下的谣言传播中，模拟了城市中谣言传播过程。

本研究的主要成果如下。

（1）研究了社交媒体的信息传播特征与机理，建立了基于社交媒体的灾害信息传播数学模型。利用使用者的实际媒介使用数据，并考虑政府参与，对城市中不同群体下的灾害信息传播和接收过程进行了模拟，分析了各社交媒体的信息传播效率：

① 电视、收音机等传统大众媒体是政府或相关部门参与的一对多的传播模式，信息传播具有对数增长的特点；手机媒体和新媒体属于各类人员可直接参与的传播模式，信息传播具有逻辑斯特增长的特征。

② 不同人群在不同传播媒介中的信息获取能力不同，如年轻人对通过新闻网站发布信息的获取情况较好，而电视在中老年群体中的信息发布效率较高。随着可信度的提高，信息传播速度也会提高，但提升幅度会逐渐降低。

③ 信息发布覆盖率对信息传播效率的影响，在使用邮件的信息发布过程中最大，而在通过微信、微博的信息发布中相对较小。随着政府信息发布覆盖率的增加，信息传播效率的增加幅度会逐渐减小。

（2）对人际间口头传播和基于视觉、听觉的人际间接触式信息传播特征进行了研究。建立了人际间口头信息传播模型，模拟了城市中不同人员口头信息传达数和不同口头信息可信度下的信息传播情况。并以谣言扩散为例,考虑了人员主观判断力、谣言客观可识别度等在内的共12个影响因素,建立了八状态ICSAR谣言扩散模型,结合社交媒体和口头信息传播模拟结果,模拟了城市中谣言的扩散情况。考虑到在突发事件下,受灾者可以通过视觉、听觉等物理手段获取灾害信息的情况,建立了受灾者通过视觉、听觉的信息自获取模型,并将模型应用于人员疏散中。

① 城区中口头传播速度远大于郊区;可信度对口头信息传播效率影响较大,当可信度低于特定阈值后,容易出现传播终止的情况;提高人均传播人数,信息传播效率可大幅提升。

② 对于总人口数36万人,2.3 km² 的研究区域,通过信息自获取,疏散信息大约30 min可覆盖到所有人。

③ 疏散者在疏散过程中是否呼喊对信息传播速度影响很大;环境本底声音过高时,会大幅降低听觉信息获取概率;增加初始信息携带者数量会提高信息传播效率;人对疏散者的好奇心阈值会较大程度影响信息自获取速率。

(3) 考虑人口密度时空分布,建立了广播车信息发布模型。模拟了不同广播车数量、车速、声音传播半径和不同时间段下的广播车灾害信息传播情况。进一步建立了基于贪婪算法和穷举法相结合的广播车信息发布路径优化算法,提升了信息发布效率。将广播车信息发布模型应用于突发事件下人员疏散中,结合固定喇叭实时信息发布,对人员疏散进行了优化。

① 声音传播半径大于50 m时,继续增加声音传播半径对信息传播速度影响较小。而车辆数和车速对信息传播效率的影响基本成倍数关系。

② 在没有政府实时引导的情况下,由于广播车预警有同一区域同时获取信息的特点,因此极易导致严重的人员拥堵。利用固定喇叭实时发布疏散引导信息,可降低疏散中的拥堵程度,提升疏散效率。

③ 广播车信息发布路径优化算法比单纯的贪婪算法具有更高的准确性,比穷举法具有更快的运算速度。

(4) 以社交媒体、人际间接触式传播和基于物理渠道的信息媒介3种信息传播途径共14种信息媒介为研究对象,综合研究了各媒介的信息传播效率。通过雷达图,比较了各媒介的信息传播能力,研究了不同媒介组合下的综合信息传播过程。并以危化品泄漏为例,开展了多途径联合下的信息传播模拟研究。

① 不考虑信息准备时间,在36万人、2.3 km² 的研究区域中,短信、广

播车、基于视觉和听觉的信息自获取属于快速传播途径,邮件、收音机、报纸为中速传播途径,而微信、微博、网站、电视、口头和电话为慢速传播途径。

② 基于信息传播能力雷达图,广播车和电视综合信息传播能力最强,应该在灾害中更多地被使用。

③ 具有不同传播特征曲线的信息媒介相结合,能克服彼此的弱点,传播效率提升更为明显。

6.2　创　新　点

本书创新点主要有以下几个方面。

(1) 建立了突发事件下的社交媒体信息传播模型,揭示了社交媒体信息传播特征与机理。考虑了人口密度分布、信息可信度、实际媒介使用情况等多种因素,分析了各社交媒体的信息传播效率。

(2) 建立了人际间接触式信息传播模型,突破了传统信息传播研究只考虑通过媒介传播信息的局限。建立了广播车信息发布模型,提出了广播车信息传播路径优化算法,实现了小范围区域内广播车和固定喇叭相结合的快速信息传播模式。

(3) 建立了多媒介联合使用下的信息传播模型,评估了各信息媒介的综合传播能力和不同媒介组合下的传播效率,实现了信息传播媒介组合的优化,满足了突发事件下高效信息传播的要求。

6.3　展　　望

我国城市化进程加快,人口日益增多,同时大型灾害事故也频繁发生,突发事件下有效的信息传播研究极为重要。近些年信息媒介不断增多,电子媒介快速发展,一些新媒体的出现也为信息传播提供了良好的基础。但是,由于有限的研究时间和计算模拟条件,本书在一些问题上还可以进行更深的探究与推敲。为了本研究可以得到更大拓展,在以下方面还可进行进一步深入研究。

(1) 本书在社交媒体模拟过程中,考虑了各媒体的人员使用数据,但是对客观的限制没有深入考虑,如基站承载量对短信信息传播的局限以及邮件发送速度和延迟性对邮件信息传播的影响等。在之后的研究中,应该更着重考虑不同社交媒体的客观影响,从而有效提高模拟的精确性。

（2）本书研究的人际间口头传播过程并没有考虑随着人际间口头传播，信息完整性会受到改变的情况。在之后的工作中，为了更好地研究口头传播，不仅应该纳入口头信息在传播中的演变过程，同时还应该考虑人员的时空分布，加强精确性。

（3）在广播车信息传播模拟的过程中，可以进一步优化路径计算算法。目前路径计算可以选择较优路径，在研究区域范围内的路径计算时间大约在几十分钟的量级。但在灾害发生的情况下，区域内可能出现某些道路坍塌或者严重堵塞的情况，需要对路径进行实时调整。所以提升路径优化算法，达到优化道路的实时计算也很重要。

（4）在各信息渠道综合使用的情况中，应该考虑人员使用媒介的频率和偏好随时间的变化，从而提高模拟的精确度。例如，夜晚人员可能将手机关机，导致夜里手机信息传播的延迟性较大等。

参 考 文 献

［1］ Khudhairy D H A A，Alessandro A. Tsunami：time for models to be tested in warning centres［J］. Nature，2010，464（7287）：350.

［2］ Dale D H，James G. Tsunami：unexpected blow foils flawless warning system［J］. Nature，2010，464（7287）：350.

［3］ Peng M，Zhang L M. Dynamic decision making for dam-break emergency management-Part 1：Theoretical framework［J］. Nature Hazards and Earth System Sciences，2103，13（2）：425-437.

［4］ Eckerman I. The Bhopal gas leak：Analyses of causes and consequences by three different models［J］. Journal of Loss Prevention in the Process Industries，2005，18(4-6)：213-217.

［5］ Mcadoo B G，Dengler L，Prasetya G，et al. Smong：How an oral history saved thousands on Indonesia's Simeulue Island during the December 2004 and march 2005 tsunamis［J］. Earthquake Spectra，2006，22（Suppl 3）：S661-S669.

［6］ Huang S K，Lindell M K，Prater C S，et al. Household evacuation decision making in response to Hurricane Ike［J］. Nature Hazards and Earth System Sciences，2012，13（4）：283-296.

［7］ 廖纯艳，畅益锋. 长江上游滑坡泥石流预警系统减灾成效及经验［J］. 中国水土保持，2007(1)：22-24.

［8］ 郭庆光. 传播学教程［M］. 北京：中国人民大学出版社，2011.

［9］ 王静，孔令江，刘慕仁. 小世界网络上的手机短信息传播模型［J］. 广西师范大学学报：自然科学版，2006，24(3)：1-4.

［10］ 王静，孔令江，刘慕仁. BA 网络上的手机短信息传播模型［J］. 广西物理，2006(1)：20-25.

［11］ 王静. 用元胞自动机研究舆论和手机短信息传播模型［D］. 桂林：广西师范大学，2006.

［12］ 平亮，宗利永. 基于社会网络中心性分析的微博信息传播研究——以 Sina 微博为例［J］. 图书情报知识，2010(6)：92-97.

［13］ 田占伟，隋玚. 基于复杂网络理论的微博信息传播实证分析［J］. 图书情报工作，2012，56(8)：42-46.

［14］ 程瑞庭. 电波传播模型 ITU-RP. 1546 的算法及建模［J］. 广播电视信息，2006(10)：66-68.

［15］ Huang Q. Research on sports information dissemination based on microblog［J］. Applied Mechanics and Materials，2014，687-691：1930-1932.

［16］ 赵海娟，陆键，项乔君. 区域公路网出行者信息服务短信发布方法研究［J］. 道路交通与安全，2008(5)：53-58.

[17] Ettredge M,Richardson V J,Scholz S. Dissemination of information for investors at corporate web sites[J]. Journal of Accounting and Public Policy,2002,21(4-5): 357-369.

[18] Major A M. A test of situational communication theory:Public response to the 1990 browning earthquake prediction [J]. International Journal of Mass Emergencies and Disasters,1993,11(3):337-349.

[19] Swinbanks D. Japanese earthquake tests disaster warning networks[J]. Nature, 1994,371(6498):549-549.

[20] 余建国,毛强. 突发公共事件短信预警系统研究[J]. 光盘技术,2008(12):9-10.

[21] 赵爱钧. 青海省气象短信预警信息发布系统的开发[J]. 青海科技,2011,18(2): 52-54.

[22] Clement J G,Winship V,Ceddia J,et al. New software for computer-assisted dental-data matching in Disaster Victim Identification and long-term missing persons investigations:"DAVID Web"[J]. Forensic Science International,2006, 159 Suppl 1:S24-S29.

[23] 史啸. 灾害信息传播与公众防灾意识之关系研究——以 5·12 汶川地震和 4·20 雅安地震为例[D]. 成都:成都理工大学,2014.

[24] Hossmann T,Legendre F,Carta P,Gunningberg P,Rohner C. Twitter in disaster mode:opportunistic communication and distribution of sensor data in emergencies[C]. Proceedings of the 3rd Extreme Conference on Communication: The Amazon Expedition,Manaus,Brazil,2011:1-6.

[25] Shannon C W. The mathematical theory of communication [M]. Urbana: University of Illinois Press,1949.

[26] Osgood C E. Psycholinguistics:A survey of theory and research problems[J]. Journal of Abnormal & Social Psychology,1954,49(1):46-59.

[27] Schramm W L. The process and effects of mass communication[M]. Urbana: University of Illinois Press,1954.

[28] 李凌凌. 网民心理与相应的传播策略[J]. 当代传播,2004(1):46-47.

[29] Newcomb T M. An approach to the study of communicative acts [J]. Psychological Review,1953,60(6):393.

[30] Chen H. On the audience psychology and communication strategy of mobile digital tv advertising on the bus[J]. Press Circles,2008(4):177-178.

[31] 李静波,王立卫. 浅谈我国灾害信息传播[J]. 防灾科技学院学报,2008,10(3): 112-114.

[32] Goldenberg J,Libai B,Muller E. Talk of the network:A complex systems look at the underlying process of word-of-mouth[J]. Marketing Letters,2001,12(3): 211-223.

[33] Granovetter M. Threshold models of collective behavior[J]. American Journal of

Sociology,1978,83(6):1420-1443.

[34] 曹玖新,吴江林,石伟,等. 新浪微博网信息传播分析与预测[J]. 计算机学报,2014(4):779-790.

[35] Estrada E, Hatano N. Communicability in complex networks [J]. Physical Review. E. Stafistical,nonlinear,and soft matter. physics,2008,77(3):036111.

[36] Erdös P,Rényi A. On the evolution of random graphs[J]. Publ Math Inst Hung Acad Sci,1960,5:17-61.

[37] Watts D J,Strogatz S H. Collective dynamics of "small-world" networks[J]. Nature,1998,393(6684):440-442.

[38] Barabási A L,Albert R. Emergence of scaling in random networks[J]. Science,1999,286(5439):509-512.

[39] Cui Z H,Yang T,Li L C,et al. Study on topology optimization algorithm of power communication network based on complex network theory[J]. Applied Mechanics and Materials,2013,385-386:1095-1099.

[40] 夏添. 震区泥石流危险性评价及预警减灾系统研究[D]. 成都:成都理工大学,2013.

[41] 陈会忠,侯燕燕,何加勇,等. 日本地震预警系统日趋完善[J]. 国际地震动态,2011(4):10-15.

[42] Lindell M K, Prater C S, Peacock W G. Organizational communication and decision making in hurricane emergencies[J]. Nature Hazards and Earth System Science,2007,8(3):50-60.

[43] Simonovic S P,Ahmad S. Computer-based model for flood evacuation emergency planning[J]. Nature Hazards,2005,34(1):25-51.

[44] Lin C Y,Tseng Y C,Yi C W. PEAR:personal evacuation and rescue system[C]. Proceedings of the 6th ACM workshop on Wireless multimedia networking and computing Miami,Florida,2011:25-30.

[45] Ramkumar M, Neelakantan R. GIS technology based geohazard zonation and advance warning system for geohazard mitigation and information dissemination towards relief and rescue operations[J]. Journal of Earth Science,2007,1(3):65-70.

[46] 加一. 震后信息传播:正能量阻击谣言[J]. 中国减灾,2013(6X):20-21.

[47] Gonzalez M C, Hidalgo C A, Barabasi A L. Understanding individual human mobility patterns[J]. Nature,2008,453(7196):779-782.

[48] Sorensen J H. Hazard warning systems:Review of 20 years of progress[J]. Nature Hazards Review,2000,1(2):119-125.

[49] Ran Y. Considerations and suggestions on improvement of communication network disaster countermeasures after the Wenchuan earthquake[J]. IEEE Communications Magazine,2011,49(1):44-47.

[50] Zhang N，Huang H，Su B，et al. Population evacuation analysis：considering dynamic population vulnerability distribution and disaster information dissemination[J]. Nature Hazards,2013,69(3)：1629-1646.

[51] Uchida N，Takahata K，Shibata Y，et al. Never Die Network Extended with Cognitive Wireless Network for Disaster Information System[C]. International Conference on Complex，Intelligent and Software Intensive Systems，Torremolinos,Spain,2011：24-31.

[52] Nakatani M,Suzuki D,Sakata N,et al. A study of a sense of crisis from auditory warning signals[C]. Proceedings of the World Congress on Engineering and Computer Science 2009,San Francisco,USA,2009：20-22.

[53] Kobes M，Helsloot I，de Vries B，et al. Way finding during fire evacuation：an analysis of unannounced fire drills in a hotel at night[J]. Building and Environment,2010,45(3)：537-548.

[54] Poekoel V C，Hira K，Chisaki Y，et al. Unidirectional sound signage for speech frequency range using multiple-loudspeaker reproduction system[J]. Open Journal of Acoustics,2013,3(4)：120-126.

[55] Lee W,Cheon M,Hyun C H,et al. Development of building fire safety system with automatic security firm monitoring capability[J]. Fire Safety Journal,2013,58：65-73.

[56] 郑竑. 对网络媒体取代传统大众媒体观点之我见[J]. 福州大学学报：哲学社会科学版,2005,19(3)：109-111.

[57] 赵洁. 新形势下传统大众媒体存在问题及节目监管对策[J]. 新闻研究导刊,2014(10)：36-37.

[58] 龚宇. 手机媒介和短信生活——以南京大学大学生使用手机短信的调查分析为例[D]. 南京：南京大学,2007.

[59] 王炎龙,邓倩. 手机媒介传播路径的消解与重构——短信群发的传播学解读[J]. 新闻界,2008(4)：33-35.

[60] 唐海萍. 新媒体微信在高校图书馆微服务中的角色研究[J]. 大学图书情报学刊,2015,33(4)：57-62.

[61] 王璐. 社交新媒体微博的传播学分析[J]. 郑州大学学报：哲学社会科学版,2011(4)：142-144.

[62] 葛逊. webpower 中国区谢晶：新媒体时代邮件使用量下降 营销价值提升[J]. 互联网天地,2012(10)：29.

[63] Grabowski M，Roberts K. High reliability virtual organizations：Co-adaptive technology and organizational structures in tsunami warning systems[J]. ACM Transactions on Computer-Human Interaction,2011,18(4)：413-426.

[64] Fujinawa Y，Noda Y. Japan's earthquake early warning system on 11 march 2011：performance，shortcomings，and changes[J]. Earthquake Spectra, 2013，

29(s1): S341-S368.

[65] Mangold W G, Faulds D J. Social media: The new hybrid element of the promotion mix[J]. Business Horizons,2009,52(4): 357-365.

[66] Tanner A, Friedman D B, Koskan A, et al. Disaster communication on theinternet: A focus on mobilizing information [J]. Journal of Health Communication,2009,14(8): 741-755.

[67] Walton D,Lamb S,Dravitzki V. An experimental investigation of the influence of media type on individual perceptions of the severity of earthquake events[J]. International Journal of Emergency Management,2007,4(4): 630-648.

[68] Amy Waston. News in the U. S.-statistics & facts[EB/OL]. (2020-12-17)[2002-12-18]. https://www. statista. com/topics/1640/news/.

[69] Troy D A, Carson A, Vanderbeek J,et al. Enhancing community-based disaster preparedness with information technology[J]. Disasters,2008,32(1): 149-165.

[70] Xu M H, Liu Y Q, Huang Q L, et al. An improved Dijkstra's shortest path algorithm for sparse network[J]. Applied Mathematics and Computation,2007, 185(1): 247-254.

[71] Narayanam R,Narahari Y. A shapley value-based approach to discover influential nodes in social networks [J]. IEEE Transactions on automation science and engineering,2010,8(1): 1-18.

[72] Zhao L,Wang Q,Cheng J, et al. Rumor spreading model with consideration of forgetting mechanism: A case of online blogging LiveJournal[J]. Physica A, 2011,390(13): 2619-2625.

[73] Zheng Y J,Chen Q Z,Ling H F,et al. Rescue wings: mobile computing and active services support for disaster rescue [J]. IEEE Transactions on Services Computing,2016,9(4): 594-607.

[74] Uchida N, Takahata K, Shibata Y. Disaster information system from communication traffic analysis and connectivity (quick report from Japan Earthquake and Tsunami on March 11th,2011)[C]. International Conference on Network-Based Information Systems,Tirana,Albania,2011: 279-285.

[75] The 5th census information office and statistical bureau of Haidian district (2012). Census information of Haidian district of Beijing, 2010 [R]. China Statistics Press,Beijing,2012.

[76] Katada T,Oikawa Y,Tanaka T. Development of simulation model for evaluating the efficiency of disaster information dissemination[J]. Proceeding of JSCE,1999, 625: 1-13.

[77] Allport G W,Postman L. The psychology of rumor[M]. New York: Henry Holt & Co,1947.

[78] Treadway M,McCloskey M. Distortions of the Allport and Postman rumor study

in the eyewitness testimony literature[J]. Law and Human Behavior,1987,11(1):19-25.

[79] Singh A,Singh Y N. Nonlinear spread of rumor and inoculation strategies in the nodes with degree dependent tie strength in complex networks[J]. Acta Physica Physics B,2013,44(1):5-28.

[80] Enserink M. After red mud flood,scientists try to halt wave of fear and rumors [J]. Science,2010,330:432-433.

[81] Kapferer J N. A mass poisoning rumor in Europe[J]. Public Opinion Quarterly,1989,53(4):467-481.

[82] Zhang X. Internet rumors and intercultural ethics—a case study of panic-stricken rush for salt in China and iodine pill in America after Japanese earthquake and tsunami[J]. Studies Literature and language,2012,4(2):13-16.

[83] 新浪新闻中心. 你如何看待大灾难中的谣言？[EB/OL]. (2011-03-24)[2015-12-01]. http://survey. news. sina. com. cn/result/56729. html.

[84] Zhao L,Cui H,Qiu X,et al. SIR rumor spreading model in the new media age[J]. Physica A,2013,392(4):995-1003.

[85] Trpevski D,Tang W K S,Kocarev L. Model for rumor spreading over networks [J]. Physical review. E,2010,81(5):056102.

[86] Zhao L,Wang J,Chen Y,et al. SIHR rumor spreading model in social networks [J]. Physical A,2012,391(7):2444-2453.

[87] Zhou T,Medo M,Cimini G,et al. Emergence of scale-free leadership structure in social recommender systems[J]. PLoS One,2011,6(7):e20648.

[88] Lind P G,da Silva L R,Andrade Jr J S,et al. The spread of gossip in American schools[J]. EPL (Europhysics Letters),2007,78(6):68005.

[89] Huang J,Jin Z. Preventing rumor spreading on small-world networks[J]. Journal of Systems Science and Complex,2011,24(3):449-456.

[90] Hethcote H W. The mathematics of infectious diseases[J]. SIAM Rev,2000,42(4):599-653.

[91] Liu Z,Luo J,Shao C. Potts model for exaggeration of a simple rumor transmitted by recreant rumormongers[J]. Physical Review. E,2001,64(4):046134.

[92] Kawachi K,Seki M,Yoshida H,et al. A rumor transmission model with various contact interactions[J]. J Theor Biol,2008,253(1):55-60.

[93] Chorus A. The basic law of rumor[J]. Journal of Abnormal Psychology,1953,48(2):313.

[94] 郑蕾. 面向社会网络的信息传播模型研究[D]. 上海：上海交通大学,2011.

[95] DiFonzo N,Bourgeois M J,Suls J. Rumor clustering,consensus,and polarization：Dynamic social impact and self-organization of hearsay [J]. Journal of Experimental Social Psychology,2103,49(3):378-399.

[96] Einwiller S A, Kamins M A. Rumor has it: the moderating effect of identification on rumor impact and the effectiveness of rumor refutation[J]. Journal of Applied Social Psychology, 2008, 38(9): 2248-2272.

[97] Pan Z, Wang X, Li X. Simulation Investigation on Rumor Spreading on Scale-free Network with Tunable Clustering[J]. Journal of System Simulation, 2006, 18(8): 2346-2348.

[98] Principe G F, Cherson M, Dipuppo J, et al. Children's natural conversations following exposure to a rumor: Linkages to later false reports[J]. Journal of Expermental Child Psychology, 2012, 113(3): 383-400.

[99] Jouini M T, Clemen R T. Copula models for aggregating expert opinions[J]. Operations Research, 1996: 44 (3): 444-457.

[100] Peruani F. Directedness of information flow in mobile phone communication networks[J]. Plos One, 2011, 6(12): e28860.

[101] Lovett A A, Parfitt J P, Brainard J S. Using GIS in risk analysis: A case study of hazardous waste transport[J]. Risk Analysis, 1997, 17(5): 625-633.

[102] Zhang Y, Guo Y. A study on rumor propagation model on micro-blogging platforms[J]. Advanced Materials Research, 2013, 717(11 Suppl 3): 221-224.

[103] Turner D. Oral documents in concept and in situ, part I: Grounding an exploration of orality and information behavior[J]. Journal of Documentation, 2012, 68(6): 852-863.

[104] Roh M I, Ha S. Advanced ship evacuation analysis using a cell-based simulation model[J]. Computers in Industry, 2013, 64(1): 80-89.

[105] 中华人民共和国国家技术监督局. 声学 户外声传播的衰减 第 2 部分: 一般计算方法: GB/T 17247.2—1998[S]. 北京: 中国标准出版社, 1998.

[106] 中华人民共和国国家技术监督局. 声学 户外声传播衰减 第 1 部分: 大气声吸收的计算: GB/T 17247.1—2000[S]. 北京: 中国标准出版社, 2000.

[107] Rossi R. Fire fighting and its influence on the body[J]. Ergon, 2003, 46(10): 1017-1033.

[108] Gwynne S, Kuligowski E, Spearpoint M, et al. Bounding defaults in egress models[J]. Fire Mater, 2013, 39(4): 335-352.

[109] Massone L M, Bonelli P, Lagos R, Lüders C, Moehle J, Wallace J W. Seismic design and construction practices for RC structural wall buildings [J]. Earthquake Spectra, 2012, 28(S1): S245-S256

[110] Chen Y, Shen S, Chen T, et al. Path optimization study for vehicles evacuation based on dijkstra algorithm[J]. Procedia Engineering, 2014, 71: 159-165.

[111] Cutter S L, Boruff B J, Shirley W L. Social vulnerability to environmental hazards[J]. Social Science Quarterly, 2003, 84: 242-261

[112] Cutter S L, Mitchell J T, Scott M S. Revealing the vulnerability of people and

places：a case study of Georgetown County，South Carolina[J]. Annals of the American Association of Geographers，2000，90：713-737.

[113] Richard M A，Hiroo K. The potential for earthquake early warning in southern California[J]. Science，2003，300(5620)：786-789.

[114] Nguyen T N A，Chevaleyre Y，Zucker J D. Optimizing the placement of evacuation signs on road network with time and casualties in case of a tsunami [C]. 2012 IEEE 21st international workshop enabling technologies：infrastructure for collaborative enterprises (WETICE)，Toulouse，France，2012：394-396.

[115] Azmi R，Budiarto H，Widyanto R. A proposed disaster emergency warning system standard through DVB-T in Indonesia[C]. 2011 International Conference of Electrical Engineering and Informatics (ICEEI)，Bandung，Indonesia，2011：1-4.

[116] Holly S，Kevin V. Popular mobilization and disaster management in Cuba[J]. Public Administration and Development，2002，22(5)：389-400.

[117] Schnitzler J，Benzler J，Altmann D，et al. Survey on the population's needs and the public health response during floods in Germany 2002[J]. Journal of Public Health Management and Practice，2007，13(5)：461-464.

[118] Ha V，Lykotrafitis G. Agent-based modeling of a multi-room multi-floor building emergency evacuation[J]. Physica A，2012，391(8)：2740-2751.

[119] Soo C P，Fazilah H，Siamak S，et al. Applying TRIZ principles in crowd management[J]. Safety Science，2011，49(2)：286-291.

[120] Koo J，Kim Y S，Kim B I. Estimating the impact of residents with disabilities on the evacuation in a high-rise building：a simulation study [J]. Simulation Modelling Practice and Theory，2012，24(3)：71-83.

[121] Ma J，Song W G，Tian W，et al. Experimental study on an ultra high-rise building evacuation in China[J]. Safety Science，2012，50(8)：1665-1674.

[122] Homer M W，Windener M J. The effects of transportation network failure on people's accessibility to hurricane disaster relief goods：a modeling approach and application to a Florida case study [J]. Natural Hazards，2011，59 (3)：1619-1634.

[123] Lindell M K，Kang J E，Prater C S. The logistics of household hurricane evacuation[J]. Natural Hazards，2011，58(3)：1093-1109.

[124] Wang J，Yang X H，Shi R X. Spatial distribution of the population in Shandong province at multi-scales[J]. Progress in Geography，2012，31(2)：176-182.

[125] Li Y，Sun X，Feng X，et al. Study on Evacuation in Subway Transfer Station Fire by STEPS[J]. Procedia Engineering，2012，45(2)：735-740.

[126] National Fluid Power Association：ISO/TC 131 [S]. Milwaukee，USA，1969.

[127] 祁晓霞. 大型商场安全疏散研究 [D]. 重庆：重庆大学，2005.

[128]　中华人民共和国国家质量监督检验检疫总局.建筑外窗空气声隔声性能分级及检测方法：GB/T 8485-2002[S].北京：中国标准出版社,2002.

[129]　Ren S Y. Optimizing the short path algorithm on steering vehicle of fire fighting [J]. Fire Science Technology,2005,5：629-630.

[130]　Kolesar P,Walder W,Hausner J. Determining relation between fire engine travel times and travel distances in New-York-City[J]. Operations Research, 1975, 23(4)：614-627.

[131]　Dantzig G,Fulkerson R,Johnson S. Solution of a large-scale Traveling-Salesman Problem[J]. Journal of the Operations Research Society of America,1954,2(4)：393-410.

[132]　Johnson D S,Mcgeoch L A. The travelling salesman problem：a case study in local optimization [M].//Local Search in Combinatorial Optimization. Chichester：Wiley & Sons,1997：215-310.

[133]　Wang L,Liu M,Bo M. Evacuation simulation of pedestrians around the natural gas well with high sulfur content in mountain area based on STEPS[J]. Acta Scientiarum Naturalium Universitatis Nankaiensis,2011,6(44)：81-87.

[134]　Kuligowski E D. Review of 28 egress models[C]. Proceeding of the workshop building occupant movement during fire emergencies,Maryland,USA,2004：68-90.

[135]　Wood N J,Schmidtlein M C. Anisotropic path modeling to access pedestrian-evacuation potential from Cascadia-related tsunamis in the US Pacific Northwest [J]. Natural Hazards,2012,62(2)：275-300.

[136]　Kuligowski E D,Peacock R D. A review of building evacuation models[EB/OL]. US Department of Commerce,National Institute of Standards and Technology,2005. [2016-03-01]. https://tsapps. nist. gov/publication/get_pdf. cfm? pub_id=100996.

[137]　Low D J. Statistical physics：Following the crowd[J]. Nature,2000,407(6803)：465-466.

[138]　Takubo Y,Sirasaki M,Ikeda T,et al. Broad-area outdoor loudspeaker system [J]. JRC Review,1996,(35)：17-22.

[139]　Zhang N,Huang H,Su B,et al. Information dissemination analysis of different media towards the application for disaster pre-warning[J]. PloS One,2014, 9(5)：e98649.

[140]　Zhang N,Huang H,Su B. Comprehensive analysis of information dissemination in disasters[J]. Physica A,2016,462：846-857.

[141]　Li Y,Ping H,Ma Z H,et al. Statistical analysis of sudden chemical leak accidents reported in China between 2006 and 2011[J]. Enviromental Science of Pollution Research,2014,21(8)：5547-5553.

[142] 孙景海,庞庆新,闵新歌,等. 44 例芥子气中毒患者染毒情况分析[J].解放军医学杂志,2003,(12):1131-1133.

[143] Shie R H,Chan C C. Tracking hazardous air pollutants from a refinery fire by applying on-line and off-line air monitoring and back trajectory modeling[J]. Journal of Hazard Materials,2013,261(20):72-82.

[144] Adgate J L,Goldstein B D , Mckenzie L M. Potential public health hazards, exposure and health effects from unconventional natural gas development[J]. Environtal Science & Technology,2014,48(15):8307-8320.

[145] Dong D,Wang H,Jia P. Mine gas concentration pre-warning based monitoring data relational analysis [J]. Advanced Materials Research, 2013, 634-638: 3655-3659.

[146] Han X G, Fan T J, Li S X. Route optimization for hazardous chemicals transportation[J]. Advanced Materials Research,2013,869-870:260-265.

[147] Alhajraf S,Al-Awadhi L,Al-Fadala S,et al. Real-time response system for the prediction of the atmospheric transport of hazardous materials[J]. Journal of Loss Prevention in the Process Industries,2005,18(4-6):520-525.

[148] Sorensen J H,Shumpert B L,Vogt B M. Planning for protective action decision making: Evacuate or shelter-in-place[J]. Journal Hazardous Materials,2004, 109(1-3):1-11.

[149] Han Z Y, Weng W G. Comparison study on qualitative and quantitative risk assessment methods for urban natural gas pipeline network [J]. Journal Hazardous Materials,2011,189(1-2):509-518.

[150] Eckerman I. The Bhopal gas leak: Analyses of causes and consequences by three different models[J]. Journal of Loss Prevention in the Process Industries,2005, 18(4-6):213-217.

[151] Pontiggia M,Derudi M, Alba M,et al. Hazardous gas releases in urban areas: assessment of consequences through CFD modelling [J]. Journal Hazardous Materials,2010,176(1-3):589-596.

[152] Benjamin D. Best practices in chemical emergency response preparedness and incident management: Rendering comprehensive models through the utilization of streaming meteorological data, active sensor readings, complex terrain compensation,and GIS intelligence[J]. Journal of Chemical Health and Safety, 2009,16(3):26-29.

[153] Middleton D R, Butler J D, Colwill D M. Gaussian plume dispersion model applicable to a complex motorway interchange[J]. Atmospheric Environment, 1979,13(7):1039-1049.

[154] Foster-Wittig T A, Thoma E D, Albertson J D. Estimation of point source fugitive emission rates from a single sensor time series: a conditionally-sampled

Gaussian plume reconstruction [J]. Atmospheric Environment, 2015, 115: 101-109.

[155] Shorshani M F, Seigneur C, Rehn L P, et al. Atmospheric dispersion modeling near a roadway under calm meteorological conditions [J]. Transportation Research Part D: Transport and Environment, 2015, 34: 137-154.

[156] Pourrahmani E, Delavar M R, Pahlavai P, et al. Dynamic evacuation routing plan after an earthquake[J]. Natural Hazards Review, 2015, 16(4): 04015006.

[157] Li J, Ozbay K. Hurricane irene evacuation traffic patterns in new jersey[J]. Natural Hazards Review, 2014, 16(2): 05014006.

[158] Koshute P. Evaluation of existing models for prediction of hurricane evacuation response curves[J]. Natural Hazards Review, 2013, 14(3): 175-181.

[159] Wolshon B, McArdle B. Temporospatial analysis of Hurricane Katrina regional evacuation traffic patterns[J]. Journal of Infrastructure Systems, 2009, 15(1): 12-20.

[160] Lamb S, Walton D, Mora K, et al. Effect of authoritative information and message characteristics on evacuation and shadow evacuation in a simulated flood event[J]. Natural Hazards Review, 2012, 13(4): 272-282.

[161] Ma J, Lo S M, Song W G. Cellular automaton modeling approach for optimum ultra high-rise building evacuation design[J]. Fire Safety J, 2012, 54(6): 57-66.

[162] Fang, Z M, Song W G, Li Z J, et al. Experimental study on evacuation process in a stairwell of a high-rise building[J]. Build and Environment, 2012, 47(1): 316-321.

[163] Lavender S A, Hedman G E, Mehta J P, et al. Evaluating the physical demands on firefighters using hand-carried stair descent devices to evacuate mobility-limited occupants from high-rise buildings [J]. Applied Ergonomics, 2014, 45(3): 389-397.

[164] Ronchi E, Nilsson D. Fire evacuation in high-rise buildings: a review of human behaviour and modelling research[J]. Fire Science Reviews, 2013, 2(1): 1-21.

[165] Bohannon J. Directing the herd: Crowds and the science of evacuation[J]. Science, 2005, 310(5746): 219-221.

[166] Fang Z, Li Q, Li Q, et al. A proposed pedestrian waiting-time model for improving space-time use efficiency in stadium evacuation scenarios[J]. Building and Environment, 2011, 46(9): 1774-1784.

[167] He N, Wu Z Z, Zheng W. Simulation of an improved Gaussian model for hazardous gas diffusion[J]. Journal of Basic Science and Engineering, 2010, 18(4): 571-580.

[168] Mazzoldi A, Hill T, Colls J J. CFD and Gaussian atmospheric dispersion models: A comparison for leak from carbon dioxide transportation and storage facilities

[J]. Atmospheric Environment,2008,42(34)：8046-8054.

[169] Klug，W. A method for determining diffusion conditions from synoptic observations[J]. Staub -Reinhaltung der Luft,1969,29(4)：14-20.

[170] Zook M，Graham M，Shelton T，et al. Volunteered geographic information and crowdsourcing disaster relief：a case study of the Haitian earthquake[J]. World Medical & Health Policy,2010,2(2)：7-33.

[171] Yang L Z,Yang M G. Numerical simulation of high sulfur-contained natural gas pipeline leakage[J]. Chemical Engineering,2011,39(7)：88-92.

[172] Lin V S,Chen W,Xian M,et al. Chemical probes for molecular imaging and detection of hydrogen sulfide and reactive sulfur species in biological systems [J]. Chemical Society Reviews,2015,44：4596-4618.

[173] 中华人民共和国国家卫生和计划生育委员会.硫化氢职业危害防护导则：GBZ/T 259-2014[S].北京：中国标准出版社,2014.

[174] 李严,李晓锋.北京地区居住建筑夏季自然通风实测研究[J].暖通空调,2013(12)：46-50.

[175] 刘平,王贝贝,赵秀阁,等.我国成人呼吸量研究[J].环境与健康杂志,2014,31(11)：953-956.

附录　信息传播媒介使用情况调查

尊敬的北京市民您好！我们是清华大学公共安全研究院灾害信息传播调查小组,为了能充分了解社会中各媒介对灾害信息的传播速度,更好地制作北京市的灾害预警方案,我们现在做此调查,希望能得到您的协助。

请在备选答案中选择您认为符合或同意的答案,并标记出来,或在问题的横线处填写适当内容。您提供的个人信息我们将严格保密,谢谢您的合作,也感谢您为北京灾害预警系统的建立做出的贡献。

您的基本信息:

1 您的年龄?　_____岁

2 您的性别?　A. 男　　B. 女

3 您的学历?

　A. 小学　　B. 初中　C. 高中

　D. 大学(包括以上)　E. 未上过学

4 您的职业?　_____

5 您是否开通了微博?　　A. 是　　B. 否

　5.1　您平均一天上几次微博?_____

　5.2　您的微博粉丝数:_____;您的微博关注数:_____

　5.3　您会通过微博,转发灾害预警信息吗?

　　　A. 不会,觉得是骗人的

　　　B. 不会,因为其他人会转发的

　　　C. 不会,我没有转发的习惯

　　　D. 会的,因为信息很重要

6 如果您手机收到灾害预警信息,您会短信转发给多少人(居住在北京的)_____

7 有人电话通知您灾害预警信息,您会给多少人打电话(居住在北京的)_____

8 如果您通过邮件收到预警信息,您会邮件转发给多少个人(居住在北京的)_____

9　您每天查收电子邮件几次?

　　　　　　　　A. 从来都不用电子邮箱　　B. 查收次数_____

10 您平均收到短信后多少时间查看?_____分钟。(收到马上查看,请填 0)

11 您每天读报纸的情况?

A. 1 周 1 份　　B. 3 天 1 份　C. 2 天 1 份　D. 1 天 1 份

E. 1 天 2 份　　F. 从来不读　G. 其他_____

谣言调查项目:

1 您是否知道福岛核泄漏在国内引起的抢盐事件?

　　　　　　　　　　　　　　　A. 知道.　　B. 不知道

1.1　您因为核泄漏事件抢过盐吗?(上问题填否的忽略本问题)

　　　　　　　　　　　　　　　A. 抢过　　B. 没抢过

2 您是否知道国内有段时间盛传的"橘子长蛆虫"的事件?

　　　　　　　　　　　　　　　A. 知道.　　B. 不知道

2.1　您知道"橘子长蛆"事件后,那段时间买过橘子么?(上问题填否的忽略本问题)

　　　　　　　　　　　　　　　A. 买过　　B. 没买过

3 您知道国内有段时间盛传的"新疆人在羊肉串滴血传播艾滋病"的事件么?

　　　　　　　　　　　　　　　A. 知道　　B. 不知道

3.1　您知道该事件后,那段时间买过羊肉串么?(上问题填否的忽略本问题)

　　　　　　　　　　　　　　　A. 买过　　B. 没买过

信息媒介调查项目:

1 您收到重要灾害消息后,您最喜欢通过哪种途径进行信息传播(可多选)?_____

A. 电子邮件　B. 手机短信　C. 电话　D. 口述　E. 微博上传

F. 其他(请您写在横线上)

2 您每天使用下列传播媒介的时间长短情况(在相应的表格内打"√"即可)

	<10 分钟	10～30 分钟	0.5～1 小时	1～2 小时	>2 小时
电视					
浏览微博					

续表

	<10 分钟	10～30 分钟	0.5～1 小时	1～2 小时	>2 小时
听收音机					
浏览网站					

3 请您对下列传播媒介的信任程度进行打分(0～100 分,0 分代表没有任何可信度,100 分代表绝对可信,单位：分)

传播媒介	分数	传播媒介	分数
电子邮件		手机短信	
电视		口头传播	
应急广播车		电话	
报纸		微博	
网站		固定喇叭	
收音机			

4 请在下面时间段中填入您**每天**看电视以及听广播的平均时长(填写在该时间段后的_____上),单位：分钟。(电视广播包括地铁、公交车、出租车上的)

　　A. 0～3 点内平均看_____分钟电视,听_____分钟广播。

　　B. 3～6 点内平均看_____分钟电视,听_____分钟广播。

　　C. 6～9 点内平均看_____分钟电视,听_____分钟广播。

　　D. 9～12 点内平均看_____分钟电视,听_____分钟广播。

　　E. 12～15 点内平均看_____分钟电视,听_____分钟广播。

　　F. 15～18 点内平均看_____分钟电视,听_____分钟广播。

　　G. 18～21 点内平均看_____分钟电视,听_____分钟广播。

　　H. 21～24 点内平均看_____分钟电视,听_____分钟广播。

在学期间发表的学术论文

[1] **ZHANG N**, HUANG H, Duarte M, et al. Dynamic population flow based risk analysis of infectious disease propagation in a metropolis [J]. Environment International, 2016, 94: 369-379. (SCI)

[2] **ZHANG N**, HUANG H, SU B, et al. A human behavior integrated hierarchical model of airborne disease transmission in a large city [J]. Building and Environment, 2018, 127: 211-220. (SCI)

[3] **ZHANG N**, HUANG H. Resilience analysis of countries under disasters based on multisource data[J]. Risk Analysis, 2018, 38(1): 31-42. (SCI)

[4] **ZHANG N**, MIAO R, HUANG H, et al. Contact infection of infectious disease onboard a cruise ship[J]. Scientific Reports, 2016, 6: 38790. (SCI)

[5] **ZHANG N**, HUANG H, SU B, et al. Information Dissemination Analysis of Different Media towards the Application for Disaster Pre-Warning[J]. PloS One, 2014, 9(5): e98649. (SCI)

[6] **ZHANG N**, HUANG H, SU B, et al. Population evacuation analysis: considering dynamic population vulnerability distribution and disaster information dissemination[J]. Natural Hazards, 2013, 69(3): 1-18. (SCI)

[7] **ZHANG N**, HUANG H, SU B, et al. Dynamic 8-state ICSAR rumor propagation model considering official rumor refutation[J]. Physica A, 2014, 415: 333-346. (SCI)

[8] **ZHANG N**, HUANG H, SU B, et al. Analysis of dynamic road risk for pedestrian evacuation[J]. Physica A, 2015, 430: 171-183. (SCI)

[9] **ZHANG N**, HUANG H. Social vulnerability for public safety: A case study of Beijing, China[J]. Chinese Science Bulletin, 2013, 58(19): 2387-2394. (SCI)

[10] **ZHANG N**, HUANG H, NI X Y, et al. The impact of interpersonal pre-warning information dissemination on regional emergency evacuation [J]. Natural Hazards, 2016, 80(3): 2081-2103. (SCI)

[11] **ZHANG N**, HUANG H, DUARTE M, et al. Risk analysis for rumor propagation in metropolises based on improved 8-state ICSAR model and dynamic personal activity trajectories[J]. Physica A, 2016, 451: 403-419. (SCI)

[12] **ZHANG N**, HUANG H, SU B. Comprehensive analysis of information dissemination in disasters[J]. Physica A, 2016, 462: 846-857. (SCI)

[13] **ZHANG N**, NI X Y, HUANG H, et al. Risk-based personal emergency response plan under hazardous gas leakage: optimal information dissemination and regional evacuation in metropolises[J]. Physica A, 2017, 473: 237-250. (SCI)

[14] **ZHANG N**, HUANG H. Assessment of world disaster severity processed by

Gaussian blur based on large historical data: casualties as an evaluating indicator [J]. Natural Hazards,2018,92(1): 173-187. (SCI)

[15] ZHAO J, HUANG H, LI Y, et al. Experimental and modeling study of the behavior of a large-scale spill fire on a water layer[J]. Journal of Loss Prevention in the Process Industries,2016,43: 514-520. (SCI)

[16] **ZHANG N**, HUANG H, SU B, et al. Analysis of different information dissemination ways for disaster prewarning: A case study of Beijing [C]. Proceedings of the 3rd International Conference on Multimedia Technology (ICMT 2013). Springer Berlin Heidelberg,2014: 183-192. (EI) (Best Paper Award in 40 papers)

[17] **ZHANG N**,HUANG H,XU J H,et al. Research on post-disaster psychological intervention and reconstruction model[C]. The 3rd IEEE International Conference on Emergency Management and Management Sciences, Nanjing, 2012: 13-16. (EI)

[18] **ZHANG N**, HUANG H, SU B, et al. Analysis of Road Vulnerability for Population Evacuation Using Complex Network [C]. Second International Conference on Vulnerability and Risk Analysis and Management (ICVRAM) and the Sixth International Symposium on Uncertainty, Modeling, and Analysis (ISUMA),2014. (EI)

[19] **ZHANG N**, LI Y G, XIAO S L. Human touch behaviors in a research student office for application into fomite transmission of diseases [C]. The 15th Conference of the International Society of Indoor Air Quality & Climate (ISIAQ),Philadelphia,PA,USA. July 22 to 27,2018.

[20] XIAO S L,LI Y G,**ZHANG N**. Predicting the transmission process of viruses on multiple surfaces with a Markov chain model[C]. The 15th Conference of the International Society of Indoor Air Quality & Climate (ISIAQ). Philadelphia, PA,USA,July 22 to 27,2018.

[21] SU B, HUANG H, **ZHANG N**. Dynamic urban waterlogging risk assessment method based on scenario simulations [J]. Journal of Tsinghua University (Science & Technology),2015,55(6): 684-690.(EI)

[22] SU B,HUANG H, **ZHANG N**, et al. Development of an urban rainstorm flood simulation model based on a plain flood model [C]. The 4th International Conference on Civil Engineering and Urban Planning (CEUP 2015),Beijing: 443-447. (EI)

[23] ZHAO J L,HUANG H,SU B N,et al. The quantitative risk assessment of the storage tank areas based on the domino effect [C]. The 4th International Conference on Civil Engineering and Urban Planning (CEUP 2015),Beijing. (EI)

[24] SU B,HUANG H,WANG Z,et al. Urban pluvial flood risk assessment based on

scenario simulation[C]. Proceedings of the ISCRAM 2016 conference,2016. (EI)

[25] **ZHANG N**,CHAN E Y,GUO C,et al. Vulnerable Population Study of Household Injuries: A Case Study in Hong Kong[J]. Prehospital and Disaster Medicine, 2017,32(S1): S194.

[26] **ZHANG N**, HUANG H, SU B. Study on dynamic population vulnerability and evacuation simulation in a high densely populated area[C]. ISCRAM ASIA 2012 Conference on Information Systems for Crisis Response and Management (ISCRAM 2012),2012: 315-320

[27] **ZHANG N**,SU B N,HUANG H. Personal decision-making plan under hazardous gas leakage[C]. 2016 International Conference on Electrical Engineering and Automation (EEA2016),2016,Hong Kong.

[28] ZHAO J L,HUANG H,SU B N,et al. The quantitative risk analysis for oil tank storage areas considering different firefighting ability [C]. International Conference on Industrial Technology and Management Science (ITMS 2015), 2015: 655-658.

致　　谢

衷心感谢清华大学工程物理系范维澄院士对本文研究工作的帮助与指导。在本人直博 5 年间，通过多次与范维澄老师的交流，发现他是一位非常和蔼可亲的老师。范维澄老师身为院士，却没有一点架子，不仅在学术上引导我前进的大方向，也让我更加看清人生的方向，让我知道潜心学术的重要性，使我受益匪浅。在此，特向恩师范维澄院士致以崇高的敬意！

感谢导师黄弘教授对本人的悉心指导。黄弘教授对待学术精益求精的态度让我受益颇深，影响我也做到了在学术上一丝不苟。黄弘教授待人接物的方式也让我学习到了与人交际的方法。5 年的博士生涯，谢谢黄弘教授无私传授给我学习、研究乃至工作的经验，使我受益终身。

在美国杜克大学环境系进行一年的合作研究期间，承蒙 Jim Zhang 教授以及 Marlyn Duarte 老师的热心指导与帮助。在国外的一年时间中，我向两位老师学习到了创新的思维方式，帮助我开拓了学术思路，而我在国外求学期间发表的 3 篇文章，也是回馈他们最好的方式。同时，感谢他们在我国外求学期间对我生活上的帮助，这些帮助让我感受到了家庭的温暖。

感谢我的父母这 5 年对我学术上的支持以及生活上的帮助！每当我遇到困难时，他们总会是第一个帮助我、鼓励我的人。感谢我的妻子张默雨，陪我求学，伴我生活，让我永远保持开心的心情与积极的状态。

感谢我的师兄李云涛，师弟苏伯尼、赵金龙、王岩、倪晓勇对我科研上的帮助，在科研遇到困难时，他们都会给我支持。

感谢工程物理系公共安全研究院的所有老师，以及所有同学对我的热情帮助和支持！

感谢国家 CSC 项目对我出国留学一年的资助。

本论文涉及的工作得到国家自然科学基金（71173128，71473146，91224008）和国家科技支撑计划课题（2015BAK12B01，2011BAK07B02）的资助，特此说明。